现代水产养殖新法丛书

淡水小龙虾 高效养殖模式攻略

周 鑫 主编

中国农业出版社

内容提要

本书概述了淡水小龙虾的生活习性、生态习性、摄食习性和苗种配套技术,汇集了与淡水小龙虾养殖相关的基础知识和养殖成果,重点介绍了在江苏、湖北、安徽、浙江和江西省推广运用的数种经典的养殖模式,其中,包括池塘养殖、稻田养殖及多品种混养等内容。上述内容将有助于养殖户提高养殖技术水平,减少养殖认知误区和提高养殖产量和效益。

本书编写人员

主　编　周　鑫（中国水产科学研究院淡水渔业研究中心）

副主编　徐增洪（中国水产科学研究院淡水渔业研究中心）

　　　　水　燕（中国水产科学研究院淡水渔业研究中心）

编　者（按姓名笔画排序）

　　　　丁凤琴（安徽省农业科学院水产研究所）

　　　　水　燕（中国水产科学研究院淡水渔业研究中心）

　　　　王晓鹏（盱眙县水产技术指导站）

　　　　李　飞（浙江省淡水水产研究所）

　　　　李喜莲（浙江省淡水水产研究所）

　　　　沈怀舜（中国水产科学研究院淡水渔业研究中心）

　　　　陈友明（江苏省淡水水产研究所）

　　　　陈文怡（苏州市水产技术推广站）

　　　　周　鑫（中国水产科学研究院淡水渔业研究中心）

　　　　周晓东（苏州市水产技术推广站）

　　　　胡火根（江西省水产技术推广站）

　　　　郭建林（浙江省淡水水产研究所）

　　　　徐增洪（中国水产科学研究院淡水渔业研究中心）

　　　　唐建清（江苏省淡水水产研究所）

　　　　陶忠虎（湖北省潜江市水产局）

　　　　顾志敏（浙江省淡水水产研究所）

　　　　舒新亚（湖北省水产科学研究所）

序

　　经过改革开放 30 多年的发展，我国水产养殖业取得了巨大的成就。2013 年，全国水产品总产量 6 172.00 万吨，其中，养殖产量 4 541.68 万吨，占总产量的 73.58%，水产品总产量和养殖产量连续 25 年位居世界首位。2013 年，全国渔业产值10 104.88 亿元，渔业在大农业产值中的份额接近 10%，其中，水产养殖总产值 7 270.04 亿元，占渔业总产值的 71.95%，水产养殖业为主的渔业在农业和农村经济的地位日益突出。我国水产品人均占有量 45.35 千克，水产蛋白消费占我国动物蛋白消费的 1/3，水产养殖已成为我国重要的优质蛋白来源。这一系列成就的取得，与我国水产养殖业发展水平得到显著提高是分不开的。一是养殖空间不断拓展，从传统的池塘养殖、滩涂养殖、近岸养殖，向盐碱水域、工业化养殖和离岸养殖发展，多种养殖方式同步推行；二是养殖设施与装备水平不断提高，工厂化和网箱养殖业持续发展，机械化、信息化和智能化程度明显提高；三是养殖品种结构不断优化，健康生态养殖逐步推进，改变了以鱼类和贝、藻类为主的局面，形成虾、蟹、鳖、海珍品等多样化发展格局，同时，大力推进健康养殖，加强水产品质量安全管理，养殖产品的质量水平明显提高；四是产业化水平不断提高，养殖业的社会化和组织化程度明显增强，已形成集良种培养、苗种繁育、饲料生产、机械配套、标准化养殖、产品加工与运销等一体的产业群，龙头企业不断壮大，多种经济合作组织不断发育和成长；五是建设优势水产品区域布局。由品种结构调整向发展特色产业转变，推动优势产业集群，形成因地制宜、各具特色、优势突出、结构合理的水产养殖发展布局。

当前，我国正处在由传统水产养殖业向现代水产养殖业转变的重要发展机遇期。一是发展现代水产养殖业的条件更加有利。党的十八大以来，全党全社会更加关心和支撑农业和农村发展，不断深化农村改革，完善强农惠农富农政策，"三农"政策环境预期向好。国家加快推进中国特色现代农业建设，必将给现代水产养殖业发展从财力和政策上提供更为有力的支持。二是发展现代水产养殖业的要求更加迫切。"十三五"时期，随着我国全面建设小康社会目标的逐步实现，人民生活水平将从温饱型向小康型转变，食品消费结构将更加优化，对动物蛋白需求逐步增大，对水产品需求将不断增加。但在工业化、城镇化快速推进时期，渔业资源的硬约束将明显加大。因此，迫切需要发展现代水产养殖业来提高生产效率、提升发展质量，"水陆并进"构建我国粮食安全体系。三是发展现代水产养殖业的基础更加坚实。通过改革开放30多年的建设，我国渔业综合生产能力不断增强，良种扩繁体系、技术推广体系、病害防控体系和质量监测体系进一步健全，水产养殖技术总体已经达到世界先进水平，成为世界第一渔业大国和水产品贸易大国。良好的产业积累为加快现代水产养殖业发展提供了更高的起点。四是发展现代水产养殖业的新机遇逐步显现,"四化"同步推进战略的引领推动作用将更加明显。工业化快速发展,信息化水平不断提高,为改造传统水产养殖业提供了现代生产要素和管理手段。城镇化加速推进,农村劳动力大量转移,为水产养殖业实现规模化生产、产业化经营创造了有利时机。生物、信息、新材料、新能源、新装备制造等高新技术广泛应用于渔业领域,将为发展现代水产养殖业提供有力的科技支撑。绿色经济、低碳经济、蓝色农业、休闲农业等新的发展理念将为水产养殖业转型升级、功能拓展提供了更为广阔的空间。

但是,目前我国水产养殖业发展仍面临着各种挑战。一是资源短缺问题。随着工业发展和城市的扩张,很多地方的可养或已养水面被不断蚕食和占用,内陆和浅海滩涂的可养殖水面不断减少,陆基池塘和近岸网箱等主要养殖模式需求的土地(水域)资源日趋紧张,占淡水养殖产量约 1/4 的水库、湖泊养殖,因水源保护和质量安全等原因逐步退出,传统渔业水域养殖空间受到工业与种植业的双重挤压,土地(水域)资源短缺的困境日益加大,北方地区存在水资源短缺问题,南方一些地区还存在水质型缺水问题,使水产养殖规模稳定与发展受到限制。另一方面,水产饲料原料国内供应缺口越来越大。主要饲料蛋白源鱼粉和豆粕 70% 以上依靠进口,50% 以上的氨基酸依靠进口,造成饲料价格节节攀升,成为水产养殖业发展的重要制约因素。二是环境与资源保护问题。水产养殖业发展与资源、环境的矛盾进一步加剧。一方面周边的陆源污染、船舶污染等对养殖水域的污染越来越重，水产养殖成为环境污染的直接受害者。另一方面，养殖自身污染问题在一些地区也比较严重，养殖系统需要大量换水，养殖过程投入的营养物质，大部分的氮磷或以废水和底泥的形式排入自然界，养殖水体利用率低，氮磷排放难以控制。由于环境污染、工程建设及过度捕捞等因素的影响，水生生物资源遭到严重破坏，水生生物赖以栖息的生态环境受到污染，养殖发展空间受限，可利用水域资源日益减少，限制了养殖规模扩大。水产养殖对环境造成的污染日益受到全社会的关注，将成为水产养殖业发展的重要限制因素。三是病害和质量安全问题。长期采用大量消耗资源和关注环境不足的粗放型增长方式，给养殖业的持续健康发展带来了严峻挑战，病害问题成为制约养殖业可持续发展的主要瓶颈。发生病害后，不合理和不规范用药又导致养殖产品药物残留，影响到水产品的质量安全消费和出口贸易，反过来又制约了养殖业的持续发展。随着高密度集约化养殖的兴起，养殖生产追求产量，难以顾及养殖产品的品质，对外源环境污染又难以控制，存在质量安全隐患，制约养殖的进一步发展，挫伤了消费者对养殖产品的消费信心。四是科技支撑问题。水产养殖基础研究滞后，水产养殖生态、生理、品质的理论基础薄弱，人工选育的良种少，专用饲料和渔用药物研发滞后，水产品加工和综合利用等技术尚不成熟和配套，直接影响了水产养殖业的快速发展。水产养殖的设施化和装备程度还处于较低的水平，生产过程依赖经验和劳力，对于质量和效益关键环节的把握度很低，离精准农业及现代农业工业化发展的要求有相当的距离。五是投入与基础设施问题。由于财政支持力度较小，长期以来缺乏投入，养殖业面临基础设施老化失修，养殖系统生态调控、良种繁育、疫病防控、饲料营养、技术推广服务等体系不配套、不完善，影响到水产养殖综合生产能力的增强和养殖效益的提高，也影响到渔民收入的增加和产品竞争力的提升。六是生产方式问题。我国的水产养殖产业，大部分仍采取"一家一户"的传统生产经营方式，存在着过多依赖资源的短期行为。一些规模化、生态化、工程化、机械化的措施和先进的养殖技术得不到快速应用。同时，由于养殖从业人员的素质普遍较低，也影响了先进技术的推广应用，养殖生产基本上还是依靠经验进行。由于养殖户对新技术的接受度差，也侧面地影响了水产养殖科研的积极性。现有的养殖生产方式对养殖业的可持续发展带来较大冲击。

因此，当前必须推进现代水产养殖业建设，坚持生态优先的方针，以建设现代水产养殖业强国为目标，以保障水产品安全有效供给和渔民持续较快增收为首要任务，以加快转变水产养殖业发展方式为主线，大力加强水产养殖业基础设施建设和技术装备升级改造，健全现代水产养殖业产业体系和经营机制，提高水域产出率、资源利用率和劳动生产率，增强水产养殖业综合生产能力、抗风险能力、国际竞争能力、可持续发展能力，形成生态良好、生产发展、装备先进、产品优质、渔民增收、平安和谐的现代水产养殖业发展新格局。为此，经与中国农业出版社林珠英编审共同策划，我们组织专家撰写了《现代水产养殖新法丛书》，包括《大宗淡水鱼高效养殖模式攻略》《河蟹高效养殖模式攻略》《中华鳖高效养殖模式攻略》《罗非鱼高效养殖模式攻略》《青虾高效养殖模式攻略》《南美白对虾高效养殖模式攻略》《淡水小龙虾高效养殖模式攻略》《黄鳝泥鳅生态繁育模式攻略》《龟类高效养殖模式攻略》9 种。

本套丛书从高效养殖模式入手，提炼集成了最新的养殖技术，对各品种在全国各地的养殖方式进行了全面总结，既有现代养殖新法的介绍，又有成功养殖经验的展示。在品种选择上，既有青鱼、草鱼、鲤、鲫、鳊等我国当家养殖品种，又有罗非鱼、对虾、河蟹等出口创汇品种，还有青虾、小龙虾、黄鳝、泥鳅、龟鳖等特色养殖品种。在写作方式上，本套丛书也不同于以往的传统书籍，更加强调了技术的新颖性和可操作性，并将现代生态、高效养殖理念贯穿始终。

本套丛书可供从事水产养殖技术人员、管理人员和专业户学习使用，也适合于广大水产科研人员、教学人员阅读、参考。我衷心希望《现代水产养殖新法丛书》的出版，能为引领我国水产养殖模式向生态、高效转型和促进现代水产养殖业发展提供具体指导作用。

中国水产科学研究院淡水渔业研究中心副主任
国家大宗淡水鱼产业技术体系首席科学家

2015 年 3 月

前　言

　　淡水小龙虾在我国的江苏、湖北、安徽、江西和浙江等省市已形成了集苗种生产、养殖、加工、产品销售和渔需物资配套的产业化生产体系，是一种发展较快的淡水养殖品种。该虾自20世纪80年代中期以来一直被视作毁坏池埂和堤坝的有害生物，直至90年代中期，淡水小龙虾的经济价值才得到了发掘。近年来，国内"龙虾宴"的盛行不仅拉动了消费市场对淡水小龙虾的需求，也推动了淡水小龙虾养殖业的发展。

　　目前，淡水小龙虾常见的养殖模式有池塘养殖、稻田养殖、蟹池混养、鱼池混养，与其他水产品种套养、与水芹、藕、油菜及小麦等经济作物连作等模式。在稻田中养殖淡水小龙虾不但可以获得较高的水稻产量，同时，每亩还可以额外收获100～200千克商品虾，是一种可以充分发掘稻田生产潜力、增加农民收益的生产方式。近年来，经过不断的技术创新和技术进步，淡水小龙虾养殖技术也日趋完善，养殖产量正在逐年提高，尤其是随着人们对淡水小龙虾生物学特性的了解和养殖经验的不断积累，养殖模式和养殖方法正在被不断的修正和改进，许多符合淡水小龙虾生活习性、摄食习性和生长特点的简便实用、可操作性强的新技术正在被不断地推出，其中，包括苗种配套、天然饵料培养、养殖生态营造及维护和饲养管理等技术，上述新技术降低了养殖风险和养殖成本，对养殖效益的提高颇为有益。为消除养殖过程中存在的误区，本书在叙述养殖模式的同时，还提出了具体的操作方法、技术措施的实施依据和应当注意的事项，并就养殖户的疑惑作了解答，所引用的养殖模式可供养殖户借鉴。

为帮助农民朋友提高淡水小龙虾的养殖产量和养殖效益，编者邀请国内在该研究领域颇有造诣的专家撰写了《淡水小龙虾高效养殖模式攻略》一书。该书概括了江苏省、湖北省、安徽省、江西省和浙江省在淡水小龙虾养殖中的最新成果，并针对生产中存在的问题提出了解决办法和对策，可供水产养殖业者、渔业技术员、大专院校师生、科普和科技工作者参阅。

本书中的淡水小龙虾生物学特性、苗种配套技术和养殖中需要注意的问题由周鑫撰稿；江苏省养殖模式由周鑫、唐建清、王晓鹏、陈友明、陈文怡、周晓东和沈怀舜撰稿；安徽省养殖模式由丁凤琴撰稿；江西省养殖模式由胡火根撰稿；浙江省养殖模式由顾志敏、李飞、李喜莲和郭建林撰稿；湖北省养殖模式由舒新亚和陶忠虎撰稿。各省的养殖模式由周鑫进行修订、补充和统稿。

由于淡水小龙虾的养殖学研究发展速度很快，书中所涉及的相关内容仍将被不断地更新和补充，本书所涉及的养殖模式、技术方案和相关参数等数据谨供参考。本书在编写过程中，由于时间仓促，难免有疏漏不妥之处，敬请读者指正。

编著者

2015 年 3 月

目 录

第一章
淡水小龙虾生物学特性概要

淡水小龙虾的学名为克氏原螯虾（*Procambarus clarkii*），英文名为 red swamp crayfish 或 red swamp crawfish，俗称红色沼泽螯虾，是螯虾科的种类。该虾原产于北美洲，1918 年由美国移植到日本的本州，1929 年又由日本引入到我国的南京与滁州交界处。经过数十年的繁衍和迁徙，目前，淡水小龙虾的足迹已遍布江苏、安徽、湖北、浙江和上海等数十个省（自治区、直辖市）的江河、湖泊、沟渠、沼泽、稻田和池塘，成为我国自然水域中具较大种群规模的淡水虾类品种。

我国的淡水小龙虾养殖历史并不长，养殖户对该虾生物学特性的了解尚显不足，生产过程中存在的误区常导致较大的损失。为使广大养殖户增进相关知识，纠正存在的错误观念，作者就淡水小龙虾的繁殖与养殖等相关的生物学特性进行简要的叙述，以便为该虾的苗种繁育及养殖提供理论依据。

第一节 淡水小龙虾的生态特性

一、生活习性

淡水小龙虾是一种多年生的淡水虾类品种，多数个体的寿命仅为 2 年，少数个体的寿命为 3～4 年或更长。在人工养殖条件下，体长 1 厘米的小虾苗经 3 个月的饲养后，即可长成体长 8～14 厘米、体重 20～60 克的商品虾。天然水域中野生的淡水小龙虾最大体重可达 100～120 克，但人工养殖的个体多数为 25～50 克。同龄的雄虾个体略大于雌虾，雄的第 5 步足基部有 2 对已退化的白色交接器，雌虾有 2 个呈椭圆形的纳精囊，性成熟后雄虾的大螯较雌虾更为粗壮，也更具攻击性（图 1-1、图 1-2）。淡水小龙虾幼虾阶段的体色为青灰色，性成熟或生态恶化时幼虾的体色可逐渐转变为红褐色。淡水小龙虾性成熟后，甲壳颜色加深，多数个体呈深褐色，少数个体呈褐青色。

　　淡水小龙虾常栖息于河道、田沟、池塘、沼泽、湖泊、水库和稻田等水草或有机碎屑较丰富的淡水水域中，并在上述水域的浅水区土坡上营造洞穴栖居和繁殖。白天淡水小龙虾多喜欢隐蔽在水草底下或躲藏于洞穴中，晚上外出觅食或栖息于水草丛中和岸边。当气温不高于 18℃ 时，离水的淡水小龙虾可存活 7～15 天；高温季节只要能保持虾体湿润，离水的虾仍可存活 3～7 天；冬季枯水期，泥洞中的成虾可自然越冬。性成熟后或越冬期的淡水小龙虾常以穴居的方式为多，洞穴通常深达 20～50 厘米，最深可达 1 米以上，每个洞穴中通常有 1～3 只虾，以一雌一雄或二雌一雄为多（图 1-1）。淡水小龙虾的洞穴口一般位于水平面以上 5～60 厘米的斜坡上，成虾通常栖居在洞内的最高水位处，越冬期间淡水小龙虾会将洞口封闭，使洞内温度保持在 0℃ 以上。

图 1-1　洞　穴

二、生态习性

　　淡水小龙虾有耐低氧的特性，水温 25℃ 条件下，虾苗的窒息点为溶氧 0.7 毫克/升，成虾为 0.4 毫克/升。当水体缺氧时，淡水小龙虾会爬上漂浮植物或池坡吸取空气中的氧气。淡水小龙虾对氨氮有较高的耐受力，幼虾的氨氮安全浓度为 7.9 毫克/升，亚硝酸盐的安全浓度为 1.52 毫克/升，远高于其他虾类。淡水小龙虾对重金属有较高的耐受力，幼虾的硫酸铜安全浓度为 7.83 毫克/升，远高于罗氏沼虾的 0.51 毫克/升，也是其他虾蟹类所无法比拟的。

　　淡水小龙虾可在低盐度的水中生存，幼虾的安全浓度为 2 毫克/升。淡水小龙虾的生存水温为 0～42℃，适宜生长水温为 15～28℃。水温 12℃ 以上时生长速度加快，低于 8℃ 时活动量降低，多数虾进入洞穴越冬。冬季淡水小龙虾仍有觅食活动，但食量明显减少。水温降至 5℃ 时，在水池边仍可见到淡水小龙虾的蜕壳行为，该特性明显不同于其他虾类或蟹类；水温高达 33℃ 时，淡水小龙虾会寻找深水区躲避，晚上则集中在浅水区或草丛中觅食。淡水小龙虾对水流不敏感，排水时大多数虾仍躲在草丛和洞穴中，顺水而下或溯水而上的个体较少。淡水小龙虾有较强的迁徙能力，雨天会爬上田埂或土坡寻找新的栖身之地，并在迁徙途中完成觅食、交配和繁殖等活动。

三、摄食特性

淡水小龙虾为杂食性种类，刚孵出的幼体由自身的卵黄囊提供营养，并不摄食，幼体完成第1次蜕皮后就有能力滤食浮游生物。幼虾可摄取腐殖质、有机碎屑、底栖生物和着生藻类。成虾可摄食植物性和动物性饵料，水草、有机质和底栖生物是其食物的主要组成部分。人工养殖时，可投喂小杂鱼、麦子、豆粕、玉米、水草、植物的根、茎、叶和颗粒饲料等。但淡水小龙虾拒食已变质的食物，因此过剩投喂或变质引起的生态恶化，将导致淡水小龙虾大批量死亡。淡水小龙虾白天和晚间都有觅食活动，但觅食活动的高峰期出现在傍晚至午夜。此时，水中溶氧量较高时摄食量较大，溶氧含量偏低时食量则下降。

表 1-1 至表 1-3 为淡水小龙虾的食物组成、摄食率和生长情况比较。显然淡水小龙虾的食物组成中，植物性饵料的占比显著高于动物性饵料，这与植物性饵料比动物性饵料更易获得有关。伊乐藻（图 1-2）、小芜萍、苦草（图 1-3）和轮叶黑藻（图 1-4）是淡水小龙虾喜食的水草种类，摄入量较大，虾苗生长快。水花生的可食性较差，但可起到隐蔽物和遮光降温

图 1-2　伊乐藻

的作用。水蚯蚓是营养丰富和易于捕获的动物性饵料，其繁殖力强，数量多，营养价值高，可促进虾苗的生长。在野生条件下，淡水小龙虾主要以水生植物和有机碎屑为食，因此，人工养殖时必须重视水生植物的种植。水草不但是淡水小龙虾重要的植物性饵料，而且可以为淡水小龙虾提供天然的隐蔽物，此外，水草的净化水质功能对维持养殖生态平衡具有重要的作用，只有在水草丰盛的条件下饲养淡水小龙虾才能取得较好的养殖效果，因此种植并养护好水草是淡水小龙虾养殖成功不可缺少的技术环节，应当予以重视。淡水小龙虾捕食活螺蛳和贝类的能力较弱，而且也很少捕食萝卜螺，因此，在人工养殖过程中

4 淡水小龙虾高效养殖模式攻略

投放活螺蛳的做法值得商榷。

图1-3 苦 草

图1-4 轮叶黑藻

表 1-1 淡水小龙虾的食物组成（%）

（引自魏青山，1985）

食物名称	体长 4～7 厘米（n＝51）		体长 7 厘米以上（n＝45）	
	出现率	占食物团比重	出现率	占食物团比重
菹草	52.2	34.4	55.1	27.0
金鱼草	45.3	15.5	46.1	17.1
光叶眼子菜	27.0	8.4	37.2	9.4
马来眼子菜	19.6	13.7	23.3	16.5
植物碎片	30.4	20.3	33.1	23.2
丝状藻类	40.1	5.7	43.4	4.1
硅藻类	55.3	<1	43.5	<1
昆虫及其幼虫	30.1	<1	33.1	<1
鱼蛙类	14.5	<1	15.2	<1

表 1-2 淡水小龙虾对各种食物的摄食率

（引自舒新亚，2006）

饲料种类	名 称	摄食率（%）
植物性饲料	眼子菜	3.2
	竹叶菜	2.6
	水花生	1.1
	苏丹草	0.7
动物性饲料	水蚯蚓	14.8
	鱼肉	4.9
人工饲料	配合饲料	2.8
	豆饼	1.2

表 1-3　虾苗摄食不同种类水草的生长比较（水温 26～28℃）

分组	植物种类	初始平均体重（克）	14 天后平均体重（克）	平均生长率（%）
1	水花生	9.0±2.2	9.4±2.0	4.4
2	伊乐藻	8.4±2.5	9.0±2.4	7.1
3	青苔	7.1±1.2	7.7±1.6	6.7
4	金鱼藻	8.3±1.6	8.9±1.7	7.2

淡水小龙虾的胃容量较小，具有连续进食的特点，仅靠人工投喂 1～2 次饲料显然难以满足其对食物的需求，因此养殖过程中应重视天然饵料的培养。傍晚至黎明是淡水小龙虾的摄食高峰期，可适当增加饲料的投喂量。淡水小龙虾觅食颗粒饲料的能力较弱，饲料的利用率较低，因此，适量投喂小杂鱼并辅以植物性饵料的养殖方式，有利于减少饲料浪费和提高养殖效果。

淡水小龙虾的摄食强度随水温的升高而增强，水温低于 8℃时摄食量明显减少，水温降至 4℃时仍可少量进食，而高温对淡水小龙虾的生长影响较大。当水温超过 32℃时，淡水小龙虾的摄食率和生长率将显著下降，因此种草降温和改良养殖生态环境，是确保淡水小龙虾正常生长必不可少的技术措施。

四、蜕壳与生长

淡水小龙虾每次蜕壳都将伴随着个体的增长，24～28℃水温条件下，幼体一般 2～5 天蜕壳 1 次。随着虾体的长大，蜕壳周期也随之延长至 30 天以上，性成熟后每年的蜕壳次数减少至 1 次，因此，虾体的增长率和增重率明显下降。淡水小龙虾的甲壳较厚，蜕壳时需要补充较多的钙质，其储存在头胸甲内的 2 粒形似小纽扣的"胃石"（图 1-5）可以为甲壳硬化提供钙的来源。

蜕壳前淡水小龙虾停止进食，并侧卧于水底，随着虾体弯曲度不断增加，头胸部与腹部之间的连接软膜便会裂开，虾体从裂开的缝隙处缓慢地向外伸展，当 2/3 的肢体蜕出时，淡水小龙虾会以弹跳的方式摆脱旧壳，整个蜕壳过程需要 5～10 分钟。刚完成蜕壳的个体易遭受同类的攻击，这也是淡水小龙虾高密度养殖时成活率偏低的主要原因之一。

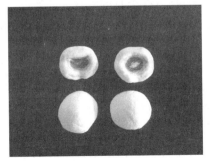

图 1-5　胃　石

淡水小龙虾在春秋两季的蜕壳频率最高，但以 4～6 月最为集中。刚蜕完壳的虾体色浅，较柔软，活动力较弱，大约 1 小时后活动能力趋于正常。淡水小龙虾在整个生命周期中蜕皮次数目前尚无定论，但如何促使其蜕壳，对提高养殖产量具有十分重要的意义。生产中采用的改良养殖生态和投喂优质饲料进行营养强化等技术措施是缩短虾苗蜕壳周期的有效方法。

第二节 淡水小龙虾的繁殖特性

一、性成熟与产卵

在天然环境条件下，淡水小龙虾需要 6～12 月龄才能达到性成熟，性成熟时的体重多为 25 克以上，偶尔也有发现体重为 15 克的抱卵虾，但产卵群体中体重 30 克以上的个体占多数。

淡水小龙虾的性成熟周期，因虾苗的生长环境不同而存在差异。在长江流域，冬、春季孵化的虾苗长至下半年 10～12 月即可性成熟；夏、秋季孵化的虾苗经越冬后，生长至翌年 5～10 月才能性成熟，9～11 月初是淡水小龙虾产卵相对集中的繁殖高峰期。

受精卵在冬季低温状态下，孵化至幼体出膜需要 150 天以上。1 月孵化的幼体寄生在雌虾的腹部，发育缓慢，但在母虾的保护下能获得很高的存活率，多数个体在 2～3 月才会离开母体独立生活。在野外洞穴内越冬的抱卵虾 3 月之前已完成了胚胎孵化，所繁育的虾苗可在 4～6 月被大量捕获。当水温达到 12℃以上时，性成熟的亲虾开始进入交配高峰期，并有重复交配现象，部分雌虾交配后数天内就可以产卵，多数雌虾交配时的卵巢尚未成熟（第Ⅲ～Ⅳ期），需经过 1～3 个月的发育才能产卵。每年的 10 月是淡水小龙虾产卵高峰期，大规格雌虾多数已完成交媾，此时，购入亲虾可少购雄虾，多购雌虾，以降低生产成本。

淡水小龙虾的产卵量远低于其他淡水虾类，多数个体的产卵量为 100～300 粒，个别大个体雌虾可产卵 500～1 000 粒。体重 25～35 克的雌虾，产卵量平均为 100 粒；40～50 克的雌虾，产卵量平均为 200～250 粒（表 1-4）。淡水小龙虾产卵时虾体弯曲，游泳足不停地煽动，以护住产出的卵粒，使卵粒从贮精囊上经过并完成受精，卵子受精后被黏附在腹足的刚毛上。整个产卵过程需 10～30 分钟，产卵结束后，雌虾尾扇卷曲，将卵粒包裹至腹下孵化。刚产出的卵粒呈黑褐色，直径 1.5～2.0 毫米，远大于其他淡水虾类（图 1-6）。

表 1-4　雌虾体重、体长不同规格与产卵量之间的关系

体长（厘米）	7～8	8～10	10～12	12～14	>14
体重（克）	25～35	35～40	40～45	45～50	>50
平均产卵数（粒）	100	140	240	300	390

图 1-6　抱卵虾

二、胚胎发育

淡水小龙虾产卵后以抱卵的方式进行孵化，胚胎发育进程与水温高低有关。10～15℃条件下，幼体孵化出膜需要 40～50 天；22℃时需要 19～20 天；30～33℃时只需 9～12 天即可孵出幼体。受精卵的颜色可随着胚胎发育的进程而变化，初产时卵色较深，后期逐渐变淡，眼点出现后卵色变为棕褐色，随着卵粒透明度的逐渐增加，胚胎发育也趋势于成熟。

三、幼体发育

幼体可分为Ⅰ期和Ⅱ期，刚孵出的Ⅰ期幼体呈浅褐色，以卵黄囊为营养来源。Ⅰ期幼体出膜后寄生在母虾腹部的腹肢上，其外形与成虾存在明显的差异，平均体长约 0.75 厘米，无活动能力（图 1-7）。变态为Ⅱ期幼体后外形与

成体已无明显差异，有活动能力，偶尔会离开母体觅食藻类和有机碎屑，但多数时间仍攀附于母虾的腹肢上营寄生生活（图1-8），待Ⅱ期幼体发育至Ⅰ期虾苗时活动能力明显增强，形态与成虾完全相同，体长约1.0厘米，并开始独立生活。淡水小龙虾产卵量虽少，但幼体的成活率较高，这与母虾的护幼习性有关。在生态环境比较适宜的情况下，虾苗经过3个月的生长后可长成体重为25～50克的商品虾，因此，淡水小龙虾是一种生长速度较快的虾类。

图1-7　抱仔虾

图1-8　雌虾护幼

第二章
淡水小龙虾养殖的苗种配套

目前，淡水小龙虾养殖所需苗种多数来源于天然水域，但随着天然苗种资源的衰退，开展人工育苗，已成为解决淡水小龙虾苗种来源问题的必然选择。

第一节　淡水小龙虾的人工繁殖

通过人工繁殖技术繁育出淡水小龙虾虾苗并非难事，而降低育苗成本、提高育苗成活率和育苗产量，则是育苗生产中需要重点解决的问题。目前，常见的育苗方法有池塘育苗、稻田育苗、大棚育苗、工厂化育苗和网箱育苗等 5 种方式。除此之外，通过天然资源的保护与增殖，有可能使天然虾苗成为今后人工养殖重要的苗种来源。

一、亲虾的选择

9～11 月是淡水小龙虾的产卵高峰期，因此，8～9 月选购亲虾较为适宜，但应避免亲虾在长途运输时长时间的脱水。虽然冬季（11 月）选购亲虾的成活率高于夏、秋季，但此时亲虾多数已打洞穴居，捕获数量减少，不易批量收购。亲虾收购应遵循就近放养原则，脱水时间应尽可能短些，脱水时间越长，死亡率也就越高。

挑选的亲虾平均规格以 30～40 克为宜，适中的规格不但性腺成熟度较好，而且生命力较强，死亡率相对较低。

选购亲虾时，应首先根据雌、雄虾在体表结构上的差异，挑选出具交接器的雄虾（图 2-1）和具纳精囊的雌虾（图 2-2）；其次是根据雄虾可重复交配的特点，适当增加雌虾的配比数量，以扩大产卵群体。雌雄比例以 3∶1 为宜，若亲虾规格较小，则应适当增加雄虾的配比数量，使雌雄比例调整至

2∶1。

图 2-1　雄虾（具交接器）

图 2-2　雌虾（具纳精囊）

　　如果放养抱卵虾进行育苗，则应避免虾体脱水运输。在气温超过 26℃ 的条件下，抱卵虾脱水运输 15 分钟以上时，将造成心跳期的胚胎窒息死亡，孵化率将大幅度降低。

　　挑选优质亲虾除了符合规格大小适中、脱水时间较短和无寄生虫的要求以外，还要求所购亲虾体色鲜艳，活动力强，用手捕捉时会张开大螯"拒捕"（图 2-3）。具有上述特点的亲虾往往体质和活力较好，对环境变化的适应能力较强，放养后成活率也较高。

图 2-3　"拒捕"的淡水小龙虾

二、池塘育苗

　　池塘育苗的特点是，虾苗成活率高，育成的虾苗在 3 月即可起捕放养，比天然虾苗提前 1 个月左右；而且育苗池塘同时可兼作养殖池，有利于提高养殖效益。

　　1. 池塘面积　池塘面积可大可小，通常以 2～20 亩* 为宜，池塘面积超过

---

　　* 亩为非法定计量单位，1 亩＝1/15 公顷。——编者注

30 亩时，可考虑在池中间隔 10 米构筑一条宽 40～100 厘米、高 70～120 厘米的土埂供亲虾打洞穴居（图 2-4）。

图 2-4　育苗池中的土埂

2. 清塘　育苗池提前 10～15 天用生石灰或茶粕清塘，以改良底质和杀灭野杂鱼，用量分别为 75～100 千克/亩和 25～40 毫克/升。茶粕清塘时需先用水浸没茶粕，再加入 5％的食碱后浸泡 2 天，使用时取浸出液加水稀释后全池泼洒。

3. 池塘坡度　池塘的坡度不可太陡，通常以 1∶（2.5～3）为宜，以便于亲虾或虾苗觅食、蜕壳和穴居，同时，又便于检查、捕捞和管理。池四周用网片加竹桩或木桩构建防逃围栏，围栏高 60 厘米，其中 20 厘米埋入土中，网片上纲缝有 25 厘米宽的塑料薄膜，以防止亲虾翻越和逃逸（图 2-5）。

图 2-5　围栏的结构与设置

4. 水位和水质 水草种植期的水位为 20～30 厘米，中、后期以 60～100 厘米为宜。夏季池底易缺氧，水位宜浅些；冬季亲虾已进入洞穴越冬，池水以不淹没洞口为宜。要求水源无污染，溶氧量不低于 4 毫克/升，pH 为 7.5～8.5，水体透明度为 40 厘米以上。

5. 水草种植 在池塘中种植伊乐藻、轮叶黑藻、苦草和金鱼藻等沉水植物，同时，投放水花生、水葫芦和浮萍等漂浮植物，并在池中栽种少量挺水植物。水草的覆盖率占整个池塘水面的 60%。由于淡水小龙虾对水草的摄食率较高，为确保水草在池中正常生长，水草应在亲虾放养前 1～2 个月完成种植。若栽种水花生和水葫芦，则应沿池岸四周布设，池中央以沉水植物为主。如果池塘底泥的肥力不足，则每亩池塘应先在池底埋入 200～500 千克经益生菌发酵的基肥或 15 千克过磷酸钙，以促进水生植物的生长。在养殖中、后期，可用复合肥追肥，用量为 1～3 千克/亩。但水草不宜长出水面或覆盖率超过 80%，过多的水草将阻碍水体交换，并造成水底缺氧。当水草脱离了底泥漂浮于水面时，水草的活力将大幅度下降，随之出现的烂草现象将严重污染水质，生态也将随之恶化。

6. 亲虾放养 亲虾应遵循就近选购原则，每亩池塘放养亲虾 50～60 千克（1 500～2 000 尾）。亲虾质量差则适当多放，质量好则适当少放。放养时间为 8～9 月，雌雄比为（2～4）∶1。10 月多数大规格雌虾已完成交配，故可以不放或少放雄虾。亲虾放养前必须用池水浇淋 5 分钟，以降低应激反应。

考虑到亲虾放养成活率较低，也可以在 4～5 月放养体长为 5～8 厘米的大规格虾苗，并将其养成亲虾后进行繁殖。虾苗的放养量为 4 000～8 000 只/亩，虾苗放养同样要求遵循就近选购原则。

7. 管理 亲虾放养后可在池中自然交配与繁殖。水温达到 12℃ 以上时，淡水小龙虾进入交配活跃期，每次交配时间多在数十分钟以上。性成熟的雌虾可以在交配后数天内产卵，未成熟的雌虾少则需数十天，多则数月之后才能产卵。9～11 月是淡水小龙虾的繁殖高峰期，池中虾苗的数量较多。为降低虾苗间的自相残杀率，池中水草的覆盖率应保持在 60% 以上，同时，应增加人工饵料的投喂量。

虾苗对饵料的质量要求较低，有机碎屑、腐殖质、水草、浮萍、水蚯蚓、小杂鱼和水生昆虫等均是虾苗喜欢摄取的食物，人工饵料有豆粕、菜粕、麸皮、菜叶、鱼类加工厂废弃物和颗粒饲料等。要求颗粒饲料在水中的稳定性不小于 2 小时，粗蛋白含量为 28%～35%，同时饲料的诱食性要好。颗粒饲料的投喂量通常为亲虾体重的 1‰～3‰，天气晴好、水草较少时多投，闷热天、水质不佳或水体缺氧时则少投；亲虾或虾苗肠道内食物较少时多投，池中有饲料大量剩余时则少投；水温适宜则多投，水温偏低或高温季节则少投。由于虾苗规格大小不一，在同一水域中有幼虾也有成虾，此时只需投喂成虾料，无需投喂幼虾料，池中的残饵和有机碎屑等已能满足幼虾的摄食需求，投喂幼虾饲料属于过剩投喂。

淡水小龙虾繁殖期的溶氧应保持在 4 毫克/升以上，当发现亲虾大量爬上水草表层时，表明水体溶氧已严重不足，应及时遍撒增氧灵，以防发生意外。

8. 捕捞 亲虾和虾苗可用地笼进行捕捉，考虑到淡水小龙虾具有性腺发育不同步和产卵周期较长的特性，亲虾的捕捞应延迟至翌年 4～5 月为宜。虾苗个体较小时可用小网眼地笼捕捞，网目通常为 0.3～0.5 厘米。

9. 育苗产量 采用池塘育苗方式进行虾苗生产，通常每亩可育成虾苗 8 万～15 万尾。多年养殖淡水小龙虾的池塘余留的亲虾较多，育苗产量较高；新开挖的池塘有机质少，育苗产量则偏低。

三、稻田育苗

稻田育苗，是针对水稻插秧、管理与收割的特点进行配套生产的一种育苗方式。该育苗方式的季节性要求高，同时，育苗期间应避免水稻搁田和喷施农药对育苗生产造成影响。稻田育苗具有生产成本低的特点，适合在我国华东、华中和华南水稻种植区推广应用（图 2-6）。

图 2-6 稻田育苗

1. 育苗沟 在稻田进水口一侧开挖 1 条面积占稻田总面积 5%～8%、深 0.8 米、宽 1.5～2 米的育苗沟，沟四周建有高 30 厘米、宽 50 厘米的小田埂及塑料网围栏，围栏应设置在小田埂的池坡上。围栏高 60 厘米，围栏的网目为 1 厘米，围网用竹桩固定，桩间距为 1.5～2 米。围网的上纲缝有宽 25 厘米的防逃塑料薄膜，底纲埋入泥中 25 厘米。沟底埋入经发酵的基肥或专用培养基，用量为 500 克/米²，埋入深度为 10 厘米，并在沟内种植伊乐藻和苦草等水草，种植量为每间隔 2 米左右种植 1 簇，水草覆盖率不低于 40%。沟内有野杂鱼和黄鳝等敌害时，可用茶粕浸出液全沟泼洒，茶粕的用量为 25～40 毫克/升。

2. 亲虾放养 亲虾的放养时间宜选在 8～9 月，放养的亲虾规格为 30～40 克/尾，雌雄比为（2～4）：1。9 月底放养的大规格亲虾多数已完成了交配，可少放雄虾或不放雄虾，以降低生产成本和提高育苗效率。

3. 虾苗培育 虾苗孵出 10 天后，以沟底腐殖质和藻类为食。1 厘米以上的虾苗已具备觅食人工颗粒饲料的能力，前期的饲料投喂量按亲虾体重的 1%～2%进行估算，每天上午和傍晚各投喂 1 次；待虾苗长至 3～5 厘米时，投喂量应增加至 2%～3%，并根据淡水小龙虾吃食量变化和天然饵料的多寡进行调节。

稻田育苗沟的水位较浅，水量也有限，在未安装增氧设备的情况下，育苗期间切忌直接向沟内施放有机肥，以免引起水质恶化和虾苗缺氧死亡。当水中溶解氧低于 2 毫克/升时应及时冲水或换水。为加快虾苗的生长速度，华东和华中地区冬季可在育苗池上方构建简易塑料大棚进行保温。

4. 虾苗捕捞 虾苗育成后可用地笼起捕转入稻田养殖，为提高捕获率，地笼内可投放少量小杂鱼作诱饵。未捕尽的剩余虾苗可用作稻田自养，此时可加高沟中水位，使之与稻田水位平齐，让虾苗自行爬入稻田中生长。

第二节 其他育苗方式

一、大棚育苗

大棚育苗可以培育出大规格虾苗，所育成的虾苗可以比自然育苗提前 2～3 个月投放到池塘或稻田中饲养，有利于提高养成规格和产量。

1. 育苗池及大棚结构 育苗池为土池，呈长条形，宽 6～8 米、长 50～

100 米、深 0.8～1.0 米，坡比为 1：1.5（图 2-7）。池的一端为进水口，另一端配置排水管。每个大棚内有 2 口平行的育苗池，左右相邻的池埂为管理通道。

图 2-7 大棚育苗

大棚采用钢架或竹架结构，用塑料薄膜保温。江、浙、沪地区冬季大棚内的水温可保持在 5～20℃，可加快亲虾性腺发育和虾苗的生长速度。

2. 育苗池消毒 为稳定育苗池的底质和杀灭野杂鱼类，育苗池提前 15 天用 120～150 毫克/升的生石灰进行清塘。

3. 增氧设备 在育苗池中每 5 米²配置 1 个气石进行增氧，气石悬空于池底 10 厘米处，以防搅混池水。

4. 水草种植 在育苗池内种植伊乐藻、苦草和轮叶黑藻等水草，覆盖率为 60% 左右，大棚内可适量放养浮萍，但不宜过多，以免遮蔽水草的光照。

5. 亲虾放养 8～9 月就近选购体重 30 克左右的亲虾进行放养，雌雄比为 3：1，亲虾的放养密度为 5～10 尾/米²。

6. 虾苗培育 虾苗培育以投喂颗粒饲料为主，每天上午和傍晚各投喂 1 次，投喂量以无明显剩余为宜，过量投喂不仅会造成饲料浪费，而且易引起底质恶化，影响育苗产量。在培育期间应注意不断补充伊乐藻等水草作为隐蔽物，以降低虾苗的自相残杀率。育苗池的溶氧不应低于 4 毫克/升，pH7.5～8.5，水质不佳时应及时换水。

7. 虾苗捕捞 9～12 月是淡水小龙虾产卵和孵幼的高峰期，过高的虾苗密度易造成自相残杀，因此采用分批捕捞以降低虾苗密度，有利于育苗产量的提高。虾苗捕捞可采用地笼诱捕或用抄网兜捕，也可以将水位降至0.5米后采用人工拉网捕捞，捕捞效率通常高于地笼。

二、工厂化育苗

目前，我国的淡水小龙虾工厂化育苗生产规模仍较小，制约其发展的因素较多，其中，包括淡水小龙虾产卵量少、产卵周期长、产卵不同步、高密度育苗自相残杀率高、亲虾放养后成活率和虾苗捕捞率偏低等瓶颈问题有待解决，因此，该项育苗技术的成熟较差，生产成本较高，推广应用尚需时日。但工厂化育苗很适合研究机构开展繁殖生物学和育苗技术的研究，而且育成的虾苗规格整齐，质量好，放养时间早，因此该育苗技术仍有其实际应用的价值，但仍需完善（图2-8）。

图 2-8　工厂化育苗

1. 育苗室结构　育苗室可以是砖瓦结构或玻璃钢瓦结构，屋面有天窗，四壁有透光的窗户，距育苗池上方1.5米处架设塑料薄膜保温。

2. 育苗池　育苗池为水泥池，位于室内，池长10米左右，宽3米、高0.5米，水位为0.3米。育苗池的池底向排水口倾斜，斜率为2%，以便于池底冲洗和虾苗收集。育苗池需配备增氧系统、进水管、排水管和排水沟，排水沟内建有集苗池，集苗池内放置网箱以便收集虾苗，排水管道的进水口插接1根带孔塑料管防逃。增氧用的气石密度按每5米^{2}布设1个，育苗期间每天的开机时间不少于10小时。

3. 育苗池消毒　对新建的育苗池应先用清水浸泡 1 个月以上，以降低碱性。对已使用过的育苗池可用漂白粉消毒，浓度为 100 毫克/升，消毒后用清水冲尽残留药物便可用于育苗。

4. 水草布放　育苗室内种植水草难度较大，因此，育苗池内需不断补充水草，水草的品种以伊乐藻、轮叶黑藻和水花生为主，水草的覆盖率应达到60%以上。

5. 亲虾放养　由于室内饲养亲虾的成活率较低，故亲虾在 9 月底至 10 月初放养较为适宜，且选择抱卵虾进行放养效果更好。亲虾的规格为 30~40 克/尾，入池前先淋水 5 分钟。亲虾的雌雄比为 3∶1。若放养抱卵虾，放养密度为 10~12 尾/米²。亲虾放养时应注意温差，以免发生温度应激。亲虾放养后全池泼洒高稳维生素 C，浓度为 0.5~2 毫克/升。同时，需每天捞除死虾，以免污染水质。亲虾培育期间每天投喂小杂鱼，投喂量以第二天无明显剩余为准。

6. 虾苗培育　虾苗孵出后，每天遍撒颗粒饲料 1 次，投喂量以第二天无明显剩余为宜。育苗期间要求池中水位不低于 0.3 米，溶氧量不低于 4 毫克/升，pH 控制在 7.5~8.5，育苗池内的水温保持在 5~20℃为宜。水体如有异味，则应及时换水，每次换水量为池水总量的1/3。

7. 捕捞　可在 10 月底清理育苗池池底时起捕一批虾苗，以降低虾苗密度。翌年 3~5 月起捕并出售虾苗和亲虾，清空育苗池后，在下半年 10 月重新放养亲虾或抱卵虾，并开始下一批次育苗。

三、网箱育苗

网箱育苗是池塘育苗、大棚育苗和工厂化育苗的补充手段，即将网箱置于养殖池中，箱中投放抱卵虾，箱内孵育的部分虾苗可钻出网箱进入养殖池中，但多数仍滞留在箱中，此时应移走网箱与亲虾，将虾苗留在池中继续培育。该方法能有效控制育苗池中的虾苗密度，且亲虾可及时回收，有利于降低生产成本。网箱育苗的具体方法是：

1. 育苗池清塘　育苗池应提前 10~15 天用生石灰清塘，石灰水溶液的浓度为 120~150 毫克/升。生石灰清塘不但可以杀灭敌害，同时还能起到改良底质的作用，有利于虾苗的正常生长。

2. 网箱结构　为便于操作管理，聚乙烯塑料网箱的规格不宜太大，通常为 10 米×5 米×1.5 米或 6 米×3 米×1.5 米，网目 1.2 厘米。网箱采用悬挂式固定，箱底距池底 10～20 厘米，网箱上纲四周加装 25 厘米宽的塑料薄膜，防止亲虾攀越逃逸。

3. 水草 为提高亲虾成活率，网箱内需投放伊乐藻或轮叶黑藻，投放量为 3～5 千克/米^2。投放水花生虽然也能作为亲虾和虾苗的附着物，但饵料价值较低，效果不如伊乐藻或轮叶黑藻。网箱外的水体应贮存一定数量的伊乐藻、轮叶黑藻等水草，若水草无法满足需求，也可投放水花生、水葫芦、浮萍等漂浮植物，水草覆盖率以占水体面积的 60% 为宜。投放水草可大幅度降低虾苗间自相残杀率，提高虾苗的育成率。

4. 亲虾放养 9 月底至 10 月初放养规格为 35～45 克的雌虾和抱卵虾，放养密度为 30～40 尾/米^2。考虑到大规格雌虾在 9 月底多数已完成交配，故不放雄虾或少量配比雄虾。

5. 管理 亲虾放养后，每天投喂切碎的小杂鱼，投喂量为亲虾总体重的 2%～5%。由于箱内亲虾密度较高，培育期间必须每天捞除死虾，发现网箱的网眼被藻类堵塞时应及时加以洗刷。当发现亲虾大量攀附于水草表层或集中在网箱四壁时，表明水体中的溶氧偏低，应及时泼洒增氧粉或开启增氧机。

网箱育苗是日本沼虾育苗中最常用的方法，育成的日本沼虾幼体或虾苗可顺着水流钻出网箱进入大池中生长，但用于淡水小龙虾育苗却不能达到相同的效果，原因是淡水小龙虾虾苗的活动能力较差，加上雌虾有护幼特性，许多虾苗长成后仍滞留在网箱内，因此在 12 月初应对网箱进行一次清理，将已育成的虾苗起捕并投放到池塘中培育，同时将完成孵幼的雌虾剔除，仍在孵幼期的雌虾则按 20～30 尾/米^2 的密度并网饲养，直至翌年 2 月底至 3 月初育苗结束。

育苗期间网箱应每半个月检查 1 次，被老鼠咬破的网箱应及时修补，以免亲虾逃入池塘中，使亲虾回捕率受到影响。

6. 虾苗培育 在网箱孵幼过程中，小虾苗的活动能力并不很强，只有 50%～70% 的虾苗会从网眼中钻出网箱进入池中生长，此时，应注意对池中的虾苗进行喂养。投喂量由池中虾苗密度决定，孵苗前期（9 月底），虾苗数量较少，且池中的天然饵料生物较丰富，可以少量投喂颗粒饲料；11 月以后则应增加饲料的投喂量，投喂量以第二天无明显剩余为准。

网箱育苗方式成本较高，但育成的虾苗规格相对整齐，出苗早，质量好。由于网箱设置在池塘中，所育成的虾苗可以直接在池塘中生长，因此，网箱育苗是一种可以为池塘养殖提供苗种配套的生产方式。

第三章
淡水小龙虾池塘养殖模式

淡水小龙虾池塘养殖始于 20 世纪初，受苗种来源和养殖产量偏低等因素的影响，淡水小龙虾池塘养殖产业的发展速度明显低于预期。为解决池塘养殖中存在的问题，江苏等省市对淡水小龙虾池塘养殖技术进行了深入的研究，并取得了重大的进展，其多种养殖模式已被推广应用或复制到国内多个省市，产生了良好的经济和社会效益。江苏省的淡水小龙虾以规格大、品质好著称，其中，盱眙县的"盱眙龙虾"品牌已在国内外享有盛名。品牌战略推动了淡水小龙虾产业的发展，尤其是淡水小龙虾养殖技术的进步和创新，为广大养殖户的增产和增收发挥了重要的作用。

第一节　池塘养殖新模式

在传统的池塘养殖淡水小龙虾的模式中，投喂人工饲料是加快虾苗生长速度的有效方法。但随着饲料成本的上涨，利用人工饲料养殖淡水小龙虾的效益已呈下降趋势，因此，开发天然饵料以替代部分人工饲料的底栖饵料生物培养技术受到了养殖户的普遍关注。该项技术可以应用于淡水小龙虾、河蟹和青虾养殖生产中，但其培养工艺更适合于在淡水小龙虾养殖中推广应用，其原因是该虾的苗种放养期与培育的底栖饵料生物的生物量高峰期相吻合，可以充分发挥底栖饵料生物培养技术的优势，但此项技术必须与良好的养殖生态相契合才能取得高产和稳产。

一、底栖饵料生物培养技术在盱眙县池塘养殖中的应用

利用底栖饵料生物培养技术进行淡水小龙虾池塘养殖，是江苏省近年发展

起来的一种新型养殖模式（图3-1）。该养殖模式是将廉价的培养基投放到池塘中构建出供底栖饵料生物生长的"生物床"，并在"生物床"中培育出的水蚯蚓、摇蚊幼虫等营养价值较高的底栖饵料生物作为淡水小龙虾的天然饵料。多年的养殖实践表明，底栖饵料生物培养技术，不但可以降低淡水小龙虾养殖过程中人工饲料

图 3-1　池塘养殖

的投喂量，而且有利于池塘养殖生态的营造，是一种养殖产量高和生态效应好的淡水小龙虾养殖模式。

1. 底栖饵料生物培养基的质量和来源　底栖饵料生物培养基，是一种将农家肥、食品加工副产品和农作物秸秆经益生菌发酵后制成的产品。该产品的氮、磷、钾含量不低于 7%，含水率为 20%～30%，外观黑褐色或黄褐色，呈粉状或颗粒状，无恶臭，产品中含有底质稳定剂，使用后具有稳定养殖生态的特点。为确保培养基的质量和使用效果，应选购专业厂家生产的产品。

2. 养殖池结构　用于淡水小龙虾养殖的池塘形状可以是矩形，也可以是不规则的多边形土池。池塘面积为 10～30 亩为宜，池塘的深度为 0.8～1.5 米，水深为 0.6～1.2 米。为防止池坡坍塌，坡比通常为 1∶（2.5～3.0）。

3. 防逃围栏　高密度养殖的池塘四周应建立围栏，以防止淡水小龙虾在夜晚或雨天会爬上池坡逃逸。围栏可用网片、塑料薄膜、玻璃钢瓦和钙塑板等廉价材料构建。围栏的高度为 60 厘米，其中 20 厘米埋入泥中，用竹桩固定，桩柜 1.2～1.5 米。

4. 池塘生态条件　饲养淡水小龙虾的池塘生态营造方法与河蟹养殖基本相同，要求水质清晰无污染，透明度为 30～80 厘米。养殖池为泥底，允许有少量淤泥，淤泥深度不超过 10～15 厘米。

5. 池塘清整　在水草种植前 10～15 天用生石灰清塘，用量为 75～100 千克/亩。清塘时的水深为 10 厘米，将溶化后的生石灰全池泼浇，杀灭池塘中的野杂鱼。若池塘底泥中有黄鳝和泥鳅，可用茶粕清塘，茶粕用量为 25～40 千克/亩。使用方法为：用水浸没茶粕，再加入 5% 的食碱后浸泡 2～3 天，使用

时取浸出液加水稀释后全池泼洒。若用巴豆粉清塘，每亩用量为 500 克，使用方法与茶粕相同。

6. 投放培养基 在淡水小龙虾养殖池中投放培养基的主要目的是培养底栖饵料生物，同时还能促进水草生长和藻类的繁殖，以达到净化水质和稳定水质的作用。培养基的用量为 200～500 千克/亩，池底淤泥较深时则减少使用量，淤泥较少的池塘则多用。新开挖的池塘缺少底栖饵料生物休眠卵，此时，可人工移植水蚯蚓（图 3-2）和摇蚊幼虫（图 3-3）进行繁殖，也可每亩投放 200 千克含水蚯蚓或摇蚊幼虫卵的稻田表层土，以加快底栖饵料生物的繁殖速度。

制作底栖饵料生物床的具体方法是：排干池中积水，曝晒 7～10 天后将培养基平铺于池底，然后用旋耕机将培养基旋耕至池塘的底泥中，深度为

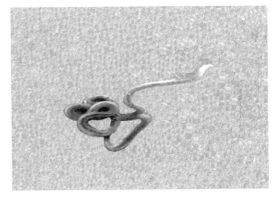

图 3-2 水蚯蚓

图 3-3 摇蚊幼虫

7～10 厘米。需要注意的是农家肥并不适宜用于制作"生物床"的培养基，这是因为农家肥易败坏底质和水质，在夏季容易造成虾苗缺氧死亡。

7. 池塘注水 注水时应用 60 目筛绢制成的"袖袋"套在进水管上进行过滤（图 3-4），以防止野杂鱼随水流进入池塘。清塘后把好进水关，可防止野杂鱼进入池塘内与虾苗竞食，一则可减少饲料浪费，二则可防止野杂鱼抢食底栖饵料生物。冬季池塘的水位可以浅些，一般控制在 0.3～0.6 米，浅水可使水草获得足够的阳光，有利于水草的生长。每次注水时应严格控制注水量，每

次注水时水位的上升幅度不应超过5厘米，水位上升过快易造成水草漂浮而无法扎根于池塘底泥中，漂浮于水面的水草在夏季易发生腐烂并引发死虾。夏季和秋季的水位可在数周内逐步加高至1.0～1.2米，加水或换水时应确保伊乐藻始终淹没在水面下，夏季严禁伊乐藻长出水面（图3-5）。

图3-4 注水时用60目袖袋过滤

8. 水草种植 池塘中水草的覆盖率为60%，丰富的水草不但可以作为淡水小龙虾的饲料，而且可以供虾苗攀爬和栖息，同时，还能起到隐蔽和优化生态的作用。水草的种类有伊乐藻、轮叶黑藻、金鱼草、苦草、茭草、水葫芦、水花生和浮萍等，其中的沉水植物主要用作淡水小龙虾的食物，漂浮植物和挺水植物可用作隐蔽物或攀附物。水花生沿池塘四周呈条带状种植，带宽为5米，池塘的平台上以种植沉水

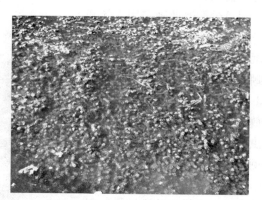

图3-5 长至水面的伊乐藻

植物为主。水草在11月至翌年3月期间种植，其中，伊乐藻在11～12月栽插，每簇3～5株，间距1米×2米或1米×3米。待水草根须扎入土壤中后，可增施磷肥或复合肥，每亩（1米水深）的施肥量为500～1 000克。2～3月播种轮叶黑藻芽苞和苦草种子，每亩用量分别为5千克和50～150克；5月后应控制水草过度生长，或割除距水面以下25厘米的水草，以防止发生烂草现象。

9. 虾苗放养或自繁 池塘养殖的苗种来源有两种方式，一是直接外购虾苗进行放养，二是放养亲虾繁育出虾苗进行养殖。放养的虾苗可来源于湖泊、河沟或池塘，但必须遵循就近收购的原则，不然长途运输后的虾苗成活率将低于50%。所放养的虾苗无论来自天然捕捞还是源于人工繁殖，规格通常很不

整齐，小的虾苗只有 1 厘米，大的个体为 8 厘米以上。虾苗规格不整齐与淡水小龙虾产卵不同步有关，但对养殖无太大影响，因为淡水小龙虾采用轮捕方式进行养殖，通过捕大留小可以解决苗种放养规格不齐问题。而且生产实践表明，放养相同规格的虾苗并不会降低苗种间的自相残杀率，一味追求虾苗规格整齐并无实际意义。

目前，虾苗的放养量多为 0.6 万～1 万尾/亩，增加虾苗放养量虽然有提高养殖产量的预期，但高密度养殖的实际效果并不尽如人意，而且会大幅度增加养殖成本和养殖风险，因此放养密度不超过 1 万尾/亩是比较合理的选择。在养殖过程中如果虾苗来源充足，可以在轮捕的同时进行轮放，不断起捕体重为 30 克以上的成虾，并且补放适量的虾苗，可以使养殖产量得到较大的提高。

在池塘中通过自繁自育的方式繁殖虾苗，是解决苗种来源的有效方法。具体做法是：放养的亲虾体重为 30～40 克，放养量为 30～40 千克/亩。7～8 月放养亲虾，雌雄比为 2∶1；9 月放养的亲虾，雌雄比可按 3∶1 进行配比；10 月多数大规格的雌虾已完成了交配，可少放或不放雄虾。

若放养抱卵虾进行繁殖，每亩的放养量为 15～20 千克（400～500 尾/亩），且抱卵虾必须带水运输，以免发生胚胎窒息死亡的事故。

为提高亲虾或抱卵虾的放养成活率，前期可投喂小杂鱼等优质饵料，投喂量为 1～3 千克/亩；中、后期以颗粒饲料为主，投喂量以不超过亲虾体重的 3% 为宜。进入越冬期后应减少饲料的投喂量，并在翌年 4～5 月用地笼将亲虾从池塘中捕出，留下虾苗继续饲养。

虾苗和亲虾放养时通常无需消毒，即便用 15～25 毫克/升浓度的高锰酸钾或 0.5 毫克/升的聚维酮碘对虾苗或亲虾进行浸泡消毒，对提高放养成活率并无明显的效果。如果用 3% 的盐水对经过长途运输后的虾苗或亲虾进行消毒不但无效，而且还会加重其脱水现象，因此，用盐水消毒是一种错误的做法。

10. 其他品种放养 在养殖池中每亩放养河蟹 100～250 只，放养规格为 50～100 只/500 克，放养时间为 1～2 月。淡水小龙虾虾苗放养时间为 4～5 月底，同时，套养鲢、鳙鱼苗调节水质，投放量分别为 20～30 尾/亩和 5～10 尾/亩。

11. 虾苗培育 1 厘米以下的小虾苗摄食能力较弱，通常以腐殖质、着生藻类、底栖生物和饲料碎屑为食。当池塘中天然饵料相对丰富时，即使不投饵虾苗仍可正常生长。待虾苗长至 6～8 厘米时，对水草的摄取量会明显增加，为防止发芽期的水草遭受破坏，此时应增加颗粒饲料或小杂鱼的投喂量，日投饲量以第二天投喂前无明显剩余为准。

12. 水质管理 淡水小龙虾虽然可在极其恶劣的环境条件下生长，但在人工养殖的条件下，水质管理仍然十分重要，因为高密度饲养淡水小龙虾对水质的要求较高，一旦水质恶化将会造成虾苗缺氧或受到硫化氢等有害气体的毒害，尤其是在夏季高温季节，养殖生态不佳会给淡水小龙虾养殖带来极大的风险。

在养殖过程中，虾池的水源不应受到菊酯类或有机磷农药的污染，其次是池水透明度不应低于 30 厘米。

养殖密度较高的池塘必须配备增氧机，在水草丰盛的池塘中采用微孔增氧或气泡石增氧效果较好，也可采用推水机，使水中的溶氧量保持在 4 毫克/升以上，以确保淡水小龙虾正常生长。

图 3-6　纤毛虫病

为促进水草的生长，池塘中通常需要少量追施培养基，用量为 10～20 千克/亩；也可以施用农用复合肥，用量为 0.5～1 千克/亩。但不宜直接投放猪粪、牛粪或鸡粪等有机肥，以免引起水质污染。

13. 病害防治 在淡水小龙虾养殖过程中，池塘边常会漂浮大量死虾，此时应区分病因。若为纤毛虫等寄生虫引起的（图 3-6、图 3-7），则应泼洒"虾蟹甲壳净"，用量为 150～250 克/亩；若由营养不良引起的蜕壳不遂或免疫力下降，则应增加优质饵料的投饵量，并补种伊乐藻、轮叶黑藻或苦草；若为细菌性疾病，可泼洒二溴海因，用量为 0.1～0.5 毫克/升；若为应激反应

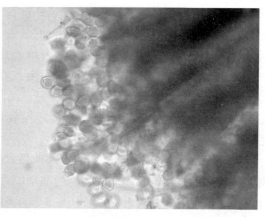

图 3-7　纤毛虫

引起，可全池泼洒耐高温维生素 C，用量为 0.5～1.0 毫克/升。为预防虾病，养殖期间可每 15～20 天泼洒 1 次 EM 菌液，使用生物制剂后 15～20 天内不应使用消毒剂，不然会造成 EM 菌失效。

14. 捕捞 3 月底开始起捕池中的亲虾上市出售，以收回部分成本。在长江流域，虾苗长至 6 月已有部分个体达到了上市规格，此时应及时轮捕，起捕规格达 30～35 克/尾以上的个体，留下未成熟的虾苗继续生长。随着轮捕次数的增加，池中的虾苗密度也随之降低，此时可收购部分虾苗进行补放，但补放的虾苗体色应为青褐色。

淡水小龙虾捕捞方式是傍晚沿池边放置虾笼或地笼进行诱捕（图 3-8）。地笼设置在池底，每隔 4～10 小时收获 1 次，养殖密度和水温较低时可适当延长收获的间隔时间；反之则缩短收获的间隔时间，尤其是盛夏期间应及时倒笼，以防止进入笼中的淡水小龙虾发生应激反应和缺氧死亡。整个捕捞过程可持续至 8 月底，此

图 3-8 捕捞用的地笼

后捕获的成虾和虾苗可集中到池塘的暂养沟内进行繁殖和培育，为翌年养殖准备好苗种来源。

为确保开春后池塘中的水草能够正常生长，养殖池中不能剩余太多的成虾和虾苗，不然翌年种植的水草在发芽期有可能受到破坏，从而影响到养殖生态的稳定。应用底栖饵料生物培养技术进行淡水小龙虾池塘养殖，亩产可达 150～200 千克，经济效益高于传统养殖方式。

二、利用鱼种池养殖淡水小龙虾的模式

在鱼种塘内套养淡水小龙虾，可充分利用养殖水体的空间和饵料资源，挖掘池塘的生产潜力，提高养殖效益。

1. 塘口条件 池塘长方形，呈东西向，面积以 5～10 亩为宜，水深 1.5～2.0 米，坡比 1:3；池埂坚固，池底平坦，土质以黏壤土为佳。在池

塘四周建立围栏，围栏高 60 厘米，其中 20 厘米埋入泥土中，围栏外侧用竹桩固定，桩距间隔 1 米。进、排水口需用钢丝网防逃。塘口配备增氧机和排灌等设备。

2. 清塘消毒 抽干池水冻晒 10～15 天后，清除池边杂草和池底过多的淤泥。放苗前 10 天用生石灰清塘，用量为 100 千克/亩。使用时先在池塘内挖一些小坑，将生石灰放入小坑加水化浆后趁热泼洒在池底，以杀灭病原体和野杂鱼。

3. 施肥培水 待清塘消毒药性消失后，注水 50 厘米，注水时进水口应加设 60 目网袋过滤，以防野杂鱼（卵）及其他敌害进入。注水 5～7 天后向池内投放经发酵的畜禽粪肥（猪、牛、鸡粪皆可），施肥量为 300～500 千克/亩，以培育出浮游生物，为即将下塘的苗种提供适口的天然饵料。

4. 移栽水草 移栽的水草品种以苦草、伊乐藻为主，水花生、浮萍为辅。水草 2 月底移栽到位，覆盖率为 40%～50%。移栽水草可以为淡水小龙虾提供栖息和蜕壳时隐蔽场所，以减少虾苗间的自相残杀，同时，水草的光合作用可以增加水中的溶氧，同时还可起到净化水质的作用。水草是淡水小龙虾重要的植物性饵料，能降低养殖成本。夏季高温季节，水草还可起到遮阴降温作用，为鱼虾提供良好的生长环境。在夏花下塘前，若塘中水草明显减少，可放养浮萍等进行弥补。夏花下塘时，若池塘中水草过多则予以捞除，使水草的覆盖率保持在 40% 左右。

5. 淡水小龙虾苗种放养 在 3 月初至 4 月中旬放养体长为 3～5 厘米的虾苗，要求虾苗体质健壮、附肢齐全、活动力强，放养密度为 6 000～8 000 尾/亩。

6. 夏花鱼种放养 夏花质量优劣，直接关系到 1 龄鱼种的培育效果。个体小、体质差的夏花鱼苗，经不起运输，下塘后对环境的适应性和抗病力都较差，成活率低，生长也缓慢，所以放养的夏花鱼苗规格要整齐，有较强的活力。放养密度由池塘条件、培育技术、饲料保障和出塘规格等因素确定，技术条件好则相应多放，反之则少放。培育大规格鱼种应选择稀放夏花鱼苗，一般每亩放草鱼夏花 3 000～4 000 尾，鳊夏花 1 000 尾，鲢夏花 1 000 尾，鳙夏花 500 尾为宜，放养时间在 6 月底至 7 月中旬。

7. 苗种消毒 鱼苗放养前需用 2%～3% 的食盐水浸洗 5 分钟进行消毒处理，以杀灭病原菌。消毒时要仔细观察鱼苗的动态，一旦发现鱼体有异常反应或浮头，应迅速终止消毒，并将鱼苗捞出放入池塘中进行培育。

8. 饲料投喂　淡水小龙虾属杂食性种类，在饲养过程中投喂的饲料应动、植物饵料合理搭配，以满足淡水小龙虾生长的营养需求。人工投喂的饲料中，动物性饵料应占 60%，植物性饵料占 40%。3～4 月以投喂淡水小龙虾专用配合饲料为主，辅以鱼肉、螺肉、动物内脏及麦麸、豆饼等，日投喂 2 次，投喂量以第二次投喂前无明显剩余为宜。5～6 月是淡水小龙虾的生长旺季，部分个体规格已达 25～35 克，此时以投喂小杂鱼为主，辅以小麦、玉米等，日投喂 3 次，日投饵量为淡水小龙虾总体重的 2%～3%，投喂的颗粒饲料蛋白含量以 28%～32% 为宜。饲料投喂量应根据天气、水温及淡水小龙虾的生长情况灵活掌控。夏花放养后，按常规方法投喂鱼种专用颗粒饲料，同时，将投喂淡水小龙虾专用颗粒饲料改为投喂动物性饵料如小杂鱼等，投喂量为每天 1～2 千克/亩。

9. 水质调节　早春和晚秋应适时添加新水，通常每 15～20 天添加新鲜水 1 次，每次加水 10～20 厘米；在 6～9 月，每 7～10 天添加新鲜水 1 次，每次加水 20 厘米。每间隔 7 天泼洒 1 次生石灰调节 pH，生石灰用量为 5 千克/亩。每月泼洒 1 次生物制剂，用量为 10 毫克/升，以改良水体，使水质保持肥、活、嫩、爽。适时开启增氧机促进上、下层水体的对流，使水体溶解氧保持在 5 毫克/升以上，以消除池底的有毒气体和稳定养殖生态。

10. 病害防治　高温季节交替使用生石灰、二氧化氯和微生物制剂，二氧化氯用量为每米水深 150 克/亩，生物制剂的用量为 3～5 千克/亩。淡水小龙虾放养密度较低，病害较少，通常不用药。鱼病防治时应禁止使用对虾类有毒害的药物，如菊酯类和有机磷类药物。

11. 加强巡塘　要坚持每天早、晚巡塘，观察鱼（虾）的活动、摄食、生长和水质变化情况，发现有鱼苗大量浮出水面时，表明水体已缺氧，应及时换水或增氧。每天需检查防盗、防逃设施，发现损坏应及时采取补救措施。同时做好塘口记录，为翌年养殖提供备查的资料。

12. 起捕销售　从 5 月开始用地笼捕虾，并对商品虾进行分级，达不到上市规格的虾继续留养。6 月中、下旬是淡水小龙虾销售旺季，应及时将达到商品规格的成虾起捕上市销售，为夏花下塘腾出时间。夏花下塘后 10～15 天内，应暂停淡水小龙虾的捕捞，以免伤及鱼苗。8 月再次开始捕捞，至 9 月底结束，余留的少量成虾可用作亲虾供繁殖之用。夏花养至年底已成为鱼种，可用拉网捕捞的方式将鱼种全部捕出上市销售，鱼虾混养至此结束。

鱼种池中养殖淡水小龙虾的优点是，充分利用夏花鱼苗培育前池塘的空闲期进行淡水小龙虾的养殖，养殖期为 3～6 月底。此阶段正是淡水小龙虾生长较快时期，可以获得较高的养殖产量，淡水小龙虾在 6 月底起捕后池塘可用作夏花鱼苗的培育，使下半年池塘的生产潜力得到充分的发挥。采用鱼虾混养，可以获得比传统的单一鱼苗培育模式有更高的收益。

第二节 浙江省和安徽省淡水小龙虾池塘生态养殖模式

浙江省和安徽省是我国淡水小龙虾的主产地之一。近年来，随着淡水小龙虾消费需求的快速增长，市场价格也随之出现了大幅度的上升，同时，也带动了养殖业的快速发展。据不完全统计，2009 年，浙江省克氏螯虾养殖面积约 10 万亩左右，其中，池塘专养养殖面积达到 4 万余亩、混养面积 6 万亩左右，养殖产量达 1.5 万吨。至 2012 年，全省养殖面积已扩大到 20 万亩左右，并将淡水小龙虾列为重点推广的品种。目前，浙江省主要养殖模式有池塘主养、稻田养殖、虾蟹混养及外荡沟渠养殖等，平均单产超过 120 千克/亩。全省现有规模淡水小龙虾加工出口企业 20 余家。以安吉县为例，2009 年淡水小龙虾养殖面积就达 5 400 亩、产量 1 338 吨、产值 2 140.8 万元，亩均效益 2 000 元以上。该县还成立了三农龙虾合作社，并被评为"浙江省示范性渔业专业合作社"，养殖基地被评为农业部水产健康养殖示范场。同时，浙江省还制定了淡水小龙虾池塘养殖省级和地方技术规范，从而为浙江省淡水小龙虾标准化养殖模式的推广应用提供了技术依据。

20 世纪 90 年代中、后期，安徽省长丰县下塘镇已开始尝试淡水小龙虾的养殖，并形成了较大的养殖规模。2006 年以来，安徽省先后出台"三进工程""水产跨越工程"等政策，将发展淡水小龙虾养殖作为推进渔业结构调整、促进农民增收的重要举措，淡水小龙虾养殖业进入了发展的快车道，养殖面积由 2006 年的 9.6 万亩迅速增加至 2013 年的 100 多万亩，养殖产量由 1.5 万吨增加至 18 万吨，8 年间增加了 12 倍。合肥市、池州市、滁州市和淮南市是安徽省淡水小龙虾的主产区。2002 年以来，合肥市已先后举办了 6 届"中国·合肥龙虾节"，并成为"中国节庆 50 强"，安徽省城合肥市被中国渔业协会授予"中国淡水龙虾之都"，并形成了别具特色的"龙虾"饮食文化，目前，安徽省的淡水小龙虾养殖产业已成为农村地区重要的经济支柱，经济总规模已突破 20 亿元。

一、浙江省池塘主养淡水小龙虾安吉模式

浙江省是开展池塘养殖淡水小龙虾较早的省份，目前已形成了较大的生产规模，其中，安吉县的淡水小龙虾养殖经验和养殖方法已为国内诸多省市养殖户所借鉴，生态养殖是安吉模式的特点。

1. 池塘整理

（1）池塘条件　要求水源充足，水质无污染，进、排水方便。池深为1～1.5米，坡比为1∶2.5。池底平坦，池塘保水性好，底质为壤土，淤泥不宜过深。池中有浅水区与深水区，深水区的水位可达1.5米以上，浅水区面积要占到1/3左右。池中有一定数量的土坡，以增加水底面积。池内有自然生长的植物，如芦苇、菖蒲等。池塘四周用塑料薄膜及竹桩构建防逃设施，围栏高60厘米，其中20厘米埋入土中，桩距为1.5～2米。为了防止野杂鱼类及鱼卵进入虾池，注水时应用60目筛绢制成的网袋进行过滤。

（2）虾池清整和消毒　虾池清整，主要是指清除过多的淤泥和整修池埂。亲虾或虾苗放养前必须先对池塘进行消毒，消毒时先排干池水晒塘20～30天，在苗种放养前10天注水10厘米，用生石灰75～100千克/亩化浆后全池泼洒。

2. 水草栽种与天然饵料培育

（1）水生植物的种植和移植　水生植物不但是淡水小龙虾的食物来源，而且还能为淡水小龙虾提供栖身的隐蔽物，并能够吸收池塘中过剩的营养物质和净化水质，有利于养殖生态的改良。淡水小龙虾喜食的水草种类有伊乐藻、轮叶黑藻、苦草、凤眼莲、水浮莲、水花生和浮萍等。主要种植方法有栽插法、抛入法、移栽法、培育法和播种法等，其中，伊乐藻和轮叶黑藻适宜用栽插法，菱和睡莲等适合用抛入法，水花生和浮萍等采用自然增殖效果较好，苦草则需要用播种法。虽然水生植物对淡水小龙虾来说有很多益处，但对其数量应加以控制，每簇水草的面积不宜过大，以1～2米^{2}比较适宜，每簇水草之间有0.5米的间距，呈点状分布，留出空间供上下层水体对流。在水草生长的高峰期，池塘中水草的覆盖面积以不超过池塘总面积的2/3为宜。

（2）进水和培育基础饵料生物　池中注水50厘米，然后施入经发酵的有机肥300千克/亩，可以培育出轮虫和枝角类、桡足类等浮游生物，为虾苗提供天然饵料。发酵肥的制作方法为：在有机肥中加入10%生石灰、5%的磷肥，经搅拌后堆高1～1.5米，用塑料薄膜覆盖发酵1周。该肥为自然发酵肥，

主要用作肥水,如果使用不当,大量堆积在池底的肥料,将引起底质恶化和严重的缺氧事故,使用时要根据水质和底质状况确定使用量和使用方法。

3. 苗种运输与放养

(1) 种苗放养　淡水小龙虾池塘养殖模式的苗种放养分为亲虾和幼虾两种放养方式:一种是在秋季投放亲虾,另一种是在春末夏初投放幼虾,浙江省养殖户主要采取第二种方式。

春末夏初的幼虾投放一般在4～5月,虾苗的个体较大,规格约150只/千克,每亩放养0.6万～1万尾,同时,每亩套养花鲢20尾和白鲢200尾,规格约为150克/尾。要求放养的幼虾为青壳虾,同一池塘的虾苗应一次放足。放养的虾苗要求体格健壮,附肢齐全,无病害,生命力强。

(2) 幼虾的运输　根据季节、天气、运输距离、运输时间的不同来选择幼虾运输的工具。短途运输可用60厘米×40厘米×25厘米泡沫箱进行干法运输,一般每箱可装幼虾5～8千克。运输时在泡沫箱内放置适量的水花生,可保湿和避免虾苗挤压受伤。长途运输需要用60厘米×30厘米×25厘米的尼龙袋充氧运输,一般每袋可装虾苗约1 000尾左右,水温为23～26℃时,可运输10小时,运输成活率可达95%以上。也可以选择活水车或冷藏车运输虾苗,虽然运费稍高,但长途运输效果好。

(3) 放养方法　放养时间选在晴天早晨或阴雨天,避免阳光直射,水温温差不要超过2℃。干法运输时,把外购苗种运至池边后用池水浇淋虾苗或亲虾5～10分钟,使其鳃部充分吸水后再下池,以降低应激反应。放养时应采取多点分散投放,每个放养点要做好标识,以便于第二天检查虾苗或亲虾的死亡情况,池中的死虾应及时捞除,以免污染池水。

4. 管理

(1) 饲料投喂与管理　淡水小龙虾为杂食性种类,但更喜食动物性饵料,投喂后浪费少,养殖效果好,因此,在整个养殖周期的饵料配比中优质动物性饵料应占25%～35%,植物性饵料占65%～75%,合理搭配动、植物性饵料可降低养殖成本,提高养殖效果。动物性饵料以小杂鱼为主,植物性饵料以谷物类和饼粕类为主,同时,需按淡水小龙虾不同的生长发育阶段对动、植物性饵料的比例进行调整,使虾摄入的营养相对合理。3～4月气温较低,虾苗的个体也较小,枝角类、桡足类及水生昆虫幼体是其重要的饵料,可通过肥水的方法加以培养,同时,辅以人工饲料如青糠、麦麸和豆饼等。5月是淡水小龙虾快速生长阶段,可投喂麦麸、豆饼及鲜嫩的青绿饲料如南瓜、甘薯和瓜皮等，辅以小杂鱼等动物性饵料。8～9 月是淡水小龙虾营养积累并准备产卵和越冬的阶段，此时应多投喂小杂鱼、水蚯蚓、螺肉及动物下脚料等高蛋白饲料，日投喂量为：动物性饵料占淡水小龙虾存塘量总重的 4%，配合饲料占 1%，并根据天气、水温、水质及淡水小龙虾活动情况和摄食状况调整投喂量。每天早晚各投喂 1 次，傍晚投喂量占全天投喂量的 60%～70%。当池中水草覆盖率降低至 20% 以下时，可补充投喂陆生草类，未吃完的水草应及时捞出，以免水草腐烂影响水质。

（2）水质调节　保持虾池溶氧量 4 毫克/升以上，pH7.5～8.5，透明度为 40～50 厘米，每 15～20 天换水 1 次，每次换水量为池塘原水量的 10%～20%。每 20 天泼洒 1 次生石灰水，用量为 5 千克/亩；每半个月泼洒 1 次光合细菌或 EM 菌，以降解池中的氨氮等有害成分。池塘水位通常保持在 1 米左右，高温季节和越冬期水位不低于 0.5 米。

（3）虾苗蜕壳期管理　通过营养强化、改良生态等措施的应用，可确保淡水小龙虾正常蜕壳生长。在虾苗蜕壳高峰期，池塘中应保有较高密度的水草供虾苗蜕壳时躲避，蜕壳后应增加优质饲料的投喂量，以满足淡水小龙虾生长的需要，同时还能避免虾苗因缺少食物而发生争斗与残杀。饲养期间，要加强水草的养护，每亩水面增施磷酸二氢钙 0.15～0.2 千克可增加水体中可溶性钙，同时还有促进水草根系生长的作用，增强水草的净水能力，以维护水体的生态平衡和促进虾苗的生长。

（4）追肥　养殖期间为促进水草生长，可适量追肥，一般每半个月追施 1 次。考虑到夏季高温容易发生水质恶化现象，因此追肥宜选用生物有机肥。该肥含益生菌，使用后水质稳定，是理想的水产用肥，其每次泼撒的用量为 5～10 千克/亩。

（5）防病防逃　养殖期间，定期泼洒生石灰，可提高水体的 pH，对维持淡水小龙虾正常的生理活动具有重要的作用，生石灰的用量为 5 千克/亩。养殖期间应定期泼洒光合细菌、EM 菌等生物制剂改良水质和底质，生物制剂的用量为 3 千克/亩。应避免投喂变质的饵料，并严格把控饲料的投喂量，防止饲料大量沉积恶化底质并引发虾病。每天早、晚巡塘 1 次，检查虾的活动情况、摄食情况、围栏设施和进排水系统完好情况，发现问题应及时解决。

（6）捕捞　每年的 4 月，气候已逐渐转暖，冬眠结束后的淡水小龙虾觅食活动趋于频繁，此时淡水小龙虾的起捕率开始提高，应起捕去年 8 月放养的亲虾以降低养殖密度，促进幼虾生长。6月份，当年放养的虾苗或幼虾多数已达到了商品虾的规格，应及时捕捞上市，以实现养殖效益的最大化。捕捞的原则是捕大留小，生产实践表明，捕大留小是提高养殖产量的重要措施。5~7月捕获的商品虾，一般占该池塘全年总捕获量的65%~75%，同时，也是决定池塘养殖能否获得盈利的关键时期。为使捕获的虾多数在30克以上，地笼的网目可放大到1.5厘米以上。6月将体重达到30克以上的成虾起捕可降低养殖密度，减轻池塘的生态压力，有利于养殖生态的平衡。

地笼是最常见的捕捞工具，捕捞效率较高，是目前最常见的捕虾工具。除此之外，小批量捕捞可用手抄网等工具捕捉，但该方法易造成水草上浮和净水作用下降，应尽量少用。池塘中的捕捞可持续到10月底后结束，11月多数虾已进入洞穴，捕获量较少，若市场有需求，可在地笼中添加小杂鱼作诱饵，以增加大规格虾的捕获量。考虑到翌年养殖需要解决苗种的来源问题，与其说投放外购的亲虾进行繁殖，不如在8月底停止捕捞，将余虾留作亲虾进行自繁，此做法不但成本低，而且亲虾成活率高。繁殖结束后余留的亲虾可在翌年的4~5月用地笼起捕出售。

采用上述模式养殖淡水小龙虾，每亩可产虾120~150千克，花、白鲢50千克左右，亩效益高于传统养殖方法。

二、安徽省淡水小龙虾池塘生态养殖模式

淡水小龙虾在高密度养殖条件下，易发生破坏水草、相互残杀、生长缓慢和逃逸等情况，往往导致养殖效果不佳。为此，安徽省在推广淡水小龙虾池塘生态养殖模式时，对池塘生态环境营造、放养密度、投饵、水质调控等关键技术环节进行了规范，使淡水小龙虾养殖的产量得到了稳步的提高。

1. 池塘要求

（1）池塘条件　池塘呈长方形，东西走向，面积5~20亩，坡比为1:3，池深1.0~1.8米，可储水0.8~1.3米，淤泥厚10~15厘米，底泥为壤土。要求池塘的水源充足，水质无污染，进、排水系统完善。

（2）防逃设施　淡水小龙虾在夜晚和雨天会爬上池坡逃逸，特别是在养殖密度高、饵料匮乏和水体环境恶化等情况下，逃虾事故极易发生，因此，必须在池埂上设置防逃围栏。围栏高60厘米，用厚塑料薄膜制作，其中20厘米埋入泥中，并用竹桩固定，桩距为2米。

2. 放苗前的准备

(1) 清塘与消毒 主要使用生石灰、漂白粉、茶粕及清塘净进行清塘消毒。

①干法清塘：保持池塘水深20～30厘米，使用块状生石灰化浆全池泼洒，用量为75～100千克/亩；漂白粉（有效氯30%）8～10千克/亩。

②带水清塘：对于水源紧缺的地区，可采用带水清塘的方法，生石灰用量为150千克/亩；漂白粉（有效氯30%）15千克/亩。

如果池塘内留存有较多淡水小龙虾虾苗与水草，使用生石灰、漂白粉清塘易造成水草和虾苗死亡，此时可改用茶粕清塘，茶粕用量为25～40千克/亩，也可以用浓度为0.3毫克/升的清塘净全池泼洒，以杀灭池中黄鳝、泥鳅、黑鱼等野杂鱼和敌害。

(2) 施肥 消毒后7天，加水至20～30厘米，在池塘四周堆放腐熟的有机粪肥或专用的底栖饵料生物培养基，用量为200～300千克/亩，此方法可以避免水质快速败坏，同时又可以培育出丰富的水生底栖动物作为淡水小龙虾的饵料。肥料的用量应根据池塘底质肥力而定，若淤泥较厚，则少施或不施；若淤泥较少或为新开挖的池塘，则应多施。

(3) 水草种植 淡水小龙虾养殖池塘适宜水草有伊乐藻、轮叶黑藻、苦草、金鱼藻、水花生和水葫芦等，在池塘中央移栽沉水植物，在池塘四周移栽漂浮植物。伊乐藻在2月移栽，亩用草量为50千克。伊乐藻不耐高温，夏季高温常大批死亡败坏水质，必须及时割除距水面25厘米的伊乐藻植株。菹草是一种常见的水草，易腐烂，6月后应捞除。3月播种轮叶黑藻、苦草，轮叶黑藻用种量为1 000～1 500克/亩，苦草用种量为100～250克/亩；4～5月在池塘四周移栽水花生、水葫芦，利用竹桩和绳子固定；也可在6月直接移栽轮叶黑藻植株，6月中、下旬，视水草多寡补种金鱼藻。移植的水草用0.5毫克/升的清塘净浸泡消毒5分钟，洗净后入池，防止带入鱼卵，水草面积占总水面的50%～60%。为促进水草生长，通常需要少量追肥，可以使用农用复合肥0.5～1千克/亩，也可以是生物有机肥30～50千克/亩，但不宜使用粪肥，以免引起水质恶化。

3. 苗种投放

(1) 亲虾投放 秋季投放种虾模式：每年8～9月，投放经过人工挑选的淡水小龙虾亲本，规格在35～50克，每亩投放20～30千克，雌雄比为（3～4）：1，采取自繁自育自养。

（2）虾苗投放　每年 4～5 月，投放体长为 3～5 厘米的虾苗，每亩投放 0.6 万～1.2 万尾。以池塘人工繁育的虾苗为佳，经多次贩运的虾苗脱水或受伤严重，放养成活率一般低于 50%。

经过运输的种虾与虾苗，需用池水浇淋虾体，连续浇淋 3～4 遍后才可以放养至池塘中，一则为降低虾苗应激反应，二则可缩小温差。种苗可分散投放至池塘斜坡的浅水处，让其自行爬入深水区。

4. 管理

（1）投饵管理　饵料可选择谷类、瓜类、饼类及畜禽下脚料、小杂鱼、螺蚌肉等，也可投喂全价配合颗粒饲料。4～6 月为淡水小龙虾主要生长季节，采用动、植物性饵料搭配投喂，植物性饵料与动物性饵料搭配比为 1∶1，日投喂量为存塘虾重量的 3%～5%；7～9 月为高温季节，淡水小龙虾蜕壳周期延长，生长缓慢，此时以植物性饵料为主。9 月底至 10 月底，按照 2∶1 搭配植物性饵料和动物性饵料，日投喂量为 1%～2%。颗粒饲料价格高，每天日落前后投喂 1 次，且沿池塘四周无草浅水区投喂，每隔 20～40 厘米设一投喂点，投喂量一般为 2%～3%。或在池塘浅滩水草丰盛区域均匀投放饲料，投喂量要根据淡水小龙虾存塘量、残饵量和天气等酌情增减。

（2）水质调控　虽然淡水小龙虾可以忍受极其恶劣的环境，但是高密度饲养对水质的要求较高，一旦水质恶化，轻者导致淡水小龙虾转变成生长停滞的"小老虾"，重者因缺氧或亚硝酸盐、氨氮和硫化氢中毒导致大量死亡，从而会给养殖生产带来极大的风险。

养殖过程中，水草移栽初期根须尚未扎入泥中，此时应保持低水位，且加水要缓慢。春季保持水位 0.2～0.3 米，夏秋季保持 0.6～1.2 米，冬季保持 0.5～0.6 米。5～6 月，每 15～30 天冲换 1 次新鲜水，换水时切忌让水草露出水面。7～9 月以保草为重点，换水不应太频繁，每次换水量控制在 15～20 厘米。春季和秋季水体透明度保持在 30～40 厘米，夏季透明度在 40～60 厘米，溶解氧在 4 毫克/升以上。6 月以后，每月泼洒 1 次生石灰，用量为 5 千克/亩，以调节池水 pH 至 7.5～8.5。在淡水小龙虾的主要生长季节，每隔 20 天泼洒 1 次 EM 菌液、光合细菌等微生态制剂，以改良水质，同时应投放底改剂，使池底的生态保持平衡。

（3）病害防治　在天然水域中，淡水小龙虾很少发生疾病。但是在池塘高密度养殖情况下，死亡率较高。引起淡水小龙虾死亡的直接原因是应激反应和感染病毒、细菌和寄生虫等，间接原因是池底有毒气体、水质恶化和营养性疾病引起的。治疗纤毛虫类寄生虫疾病，可全池泼洒硫酸锌粉，浓度为0.2～0.3毫克/升；细菌性疾病，应全池泼洒浓度为0.2～0.3毫克/升二溴海因或0.3～0.6毫克/升二氧化氯；营养性疾病则应增加优质饲料的投喂量，特别是增加动物性饵料及新鲜水草的投喂与补种；淡水小龙虾发生应激反应时，可泼洒耐高温维生素C，浓度为0.2～0.6毫克/升；生态类疾病，可采用泼洒生物制剂和底改剂如EM菌和腐殖酸钠等，使用浓度分别为5～10毫克/升和4～8毫克/升。

5. 捕捞 淡水小龙虾由于苗种规格差异较大，养殖过程中又存在严重的自相残杀现象，采取捕大留小，稀疏存塘虾的密度，是提高养殖产量的重要技术措施。每年4月中旬至5月底，利用大网眼地笼放冰鲜鱼诱捕达到上市规格的成虾，可减少幼虾的受伤率和死亡率。6月已达到30克以上的成虾必须予以捕捞上市，小规格虾则返塘继续养殖；8月底或9月初应停止捕捞，留下部分成虾进行交配与繁殖，为翌年养殖提供苗种的来源。夏季捕捞时水温较高，成虾在地笼中容易发生缺氧，应每间隔3～5小时收虾1次；春、秋季每隔6～10小时收虾1次，保证起捕的虾有较强的活力，以达到活虾上市的目的。

6. 成虾暂养 淡水小龙虾起捕后进行暂养是一种市场调节行为，有利于市场供需的平衡。目前大多采用网箱与水泥池暂养两种方式：

(1) 网箱暂养 网箱面积8～10米^2，网目4～5目，设置在水质清新、水面开阔的河湾、湖泊中。箱体充分撑开后用竹桩固定在水中，网箱入水深度为50～60厘米，网箱底端离池底20～30厘米，顶端高出水面40～50厘米，沿网箱上边缘缝合20厘米的塑料薄膜。箱内设置30%～40%的浮性水草，在网箱底部布设微孔管道，24小时不间断增氧。暂养密度为20～25千克/米^2，夏季暂养时间不宜超过2天，冬季暂养时间可达2～3个月。

(2) 水泥池暂养 在靠近水源处建水泥池，面积为20～30米^2，水泥池上端架设遮阳网防晒、防雨，池的两端有进、排水系统，可使暂养池水深始终保持稳定。水泥池水深10～30厘米，池内投放30%～40%的浮性水草，在池底部布设微孔管道或气泡石，24小时不间断增氧，或者保持微流水状态，每隔12小时换水1/2。暂养密度为10～15千克/米^2，夏季暂养时间不宜超过2天，冬季长时间暂养则相对较安全。

7. 运输 淡水小龙虾成虾多采用干法运输，运输过程中，应采取保湿措施（冰块融化、浇水、放置水草和防风吹等），并避免对虾体的挤压。主要运输方法如下：

（1）泡沫箱带冰运法　泡沫箱上开 6～8 个直径 1～2 厘米的小孔，先将淡水小龙虾用清水冲洗干净，同时在泡沫箱底部铺一层水花生，随后将淡水小龙虾平铺在水花生上，盖上潮湿的编织袋并压实，在编织袋上放些碎冰，再铺上水草，盖上箱盖，利用胶带固定后，堆架于箱式冷藏车中运输。为防止水草腐烂，一般以水花生为佳，不应选用易腐烂的伊乐藻或菹草等。为便于搬运，每箱以装运 20～30 千克为宜。泡沫箱运输法在运输途中无需淋水，运输时间控制在 5 小时以内。

（2）箩筐带冰运法　先将淡水小龙虾用清水冲洗干净，同时，在箩筐底部铺一层水草，随后将淡水小龙虾平铺在水草上，盖上潮湿的编织袋并压实，在编织袋上放些碎冰，再铺上水草，加盖后叠放在箱式冷藏车中运输。用普通敞篷车运输，途中应避免风吹日晒，每隔 3～4 小时可用清水浇淋 1 次，使虾体保持潮湿。根据箩筐体积，每筐以装运 50 千克左右比较合适，此法适合长短途运输。

（3）其他运输方法　运输数量较少和路途较近时，可采用蛇皮袋装运法、蒲包装运法和小竹篓装运法运输。

第 四 章
淡水小龙虾稻田养殖模式

　　稻田养殖淡水小龙虾模式，具有养殖成本低和养殖风险小的特点，因此，该模式一经推出就受到了广大农民朋友的欢迎，发展速度较快。稻田养殖淡水小龙虾，可分为虾稻连作和虾稻共作模式。虾稻连作模式，是指在稻田的空闲期养虾，种稻时不养虾，因此不用担心农药的药害；虾稻共作模式，是指在稻田中完成虾稻连作后在水稻种植期继续养虾，虾和稻共生在同一块稻田中，当水稻发生病虫害时可以使用生物农药，不能使用对虾有害的药物。目前，该模式已被湖北省、安徽省、浙江省和江苏省列为重点推广模式，养殖规模正在逐年扩大，可以预期，稻田养虾将推动我国淡水小龙虾人工养殖业的发展，同时，该养殖模式将成为淡水小龙虾的主要生产方式在全国农村地区得到推广应用。

第一节　苏、浙、皖、赣的虾稻共作模式

　　江苏、浙江、安徽和江西省的虾稻共作模式虽然相近，但却各有特色，其中，包括水稻品种、水稻种植期的要求、水稻管理方法、苗种来源、苗种的放养方式、投喂的饲料种类、投喂方法和饲养管理上有许多值得借鉴的经验，但各省间的虾稻共作模式是在当地的自然条件下形成的，因此，生产过程中养殖户可根据当地的实际情况进行变通和修正。

一、底栖饵料生物培养技术在虾稻共作模式中的应用

　　虾稻共作模式是一种淡水小龙虾养殖与水稻种植共用一块稻田，并在稻田中进行种养并举的生产方式，该养殖模式已在湖北、安徽、浙江、江西和江苏等省市得到推广应用（图4-1）。实践表明，稻虾共作可使稻田的产值增加1倍

以上。该模式充分利用水稻收割后稻田的空闲期进行淡水小龙虾养殖，在水稻种植期实现稻虾互利共生，是一种可取得虾稻双丰收的养殖模式。水稻的遮阴作用，可以为淡水小龙虾在夏季提供良好的生长环境，同时，茂密的稻秆和稻叶也是淡水小龙虾的天然隐蔽

图 4-1　稻田养殖

物，可防止鸟类等敌害生物的袭扰。淡水小龙虾可以清除稻田中的杂草，种稻期间无需除草，既省工又省时，并可减轻劳动强度，同时，淡水小龙虾在稻田中的觅食活动有疏松土壤、增加水稻根部含氧量的作用，水稻根系发达，可增强水稻对土壤中养分的吸收，有利于水稻的增产。淡水小龙虾可捕食部分害虫，有降低病害发生的作用，若结合黑光灯诱捕虫害，整个水稻生长期只需打1～2次生物农药治虫即可，既减少了药物费用的支出，又可以生产出无农药残留的水稻，所生产的稻米售价比市场价高出1～3倍。稻田养虾后，虾的排泄物和剩饵可以为水稻生长提供养分，而水稻吸收了水中的养分可使水质得到净化，有利于虾的生长，因此，虾稻共作也是一种互利与互惠的养殖模式。

　　池塘养殖淡水小龙虾，每亩需放养50千克以上的苗种，放苗量如此之多使得目前的虾苗供应成了难以解决的瓶颈问题。而稻田养虾只需在第一年放养苗种25～30千克/亩，第二年稻田中自繁的虾苗可基本满足需求，只有部分稻田需要少量补充虾苗，苗种问题的解决相对较容易，这也是稻田养虾产业能够在短时期内得到快速发展的原因之一。

　　通常，稻麦两茬的合计纯收益为1 000～2 000元/亩，在稻田中养殖淡水小龙虾后不但水稻可以基本不减产，而且还可生产出50～120千克/亩的商品虾，亩增效达1 000～2 000元。因此，推广虾稻共作技术不但是一项利国利民的富民工程，而且对新农村的建设具有重要意义。

　　1. 水源　用于淡水小龙虾养殖的稻田附近需要有充足的水资源，且水质良好，河沟和渠道无农业和工业污水的污染。养殖区的周边稻田均不得使用有毒有害的农药，以确保水源的安全。

　　2. 稻田设计　为使河道不受农药污染，应对虾稻共作区的进、排水系统进行统一规划或改建，使虾稻共作区以连片的方式布局，以保证河道用水的

安全。

考虑到种稻时需要烤田，养虾的稻田以 20～50 亩为 1 个单元，组成 500 亩以上的虾稻共作区。共作区四周有一条宽度不小于 1.5 米、高 0.5 米的土埂或乡村小道。该道路除了运输功能外，可以起到防止淡水小龙虾打洞逃逸的作用，因此道路必须夯实。在稻田靠近水源的一侧开挖一条宽

图 4-2　稻田虾沟

1.5～2.0 米、深 0.5～0.8 米的虾沟（图 4-2），坡比为 1∶2.5，挖出的泥土在虾沟边垒一高 0.3 米的小土埂，以便于大田蓄水和围栏的设置，多余的泥土可用于构建环绕稻田四周的道路和加固田埂。单侧沟与传统的环沟、田字沟与井字沟相比，可节省大量的土方工程和降低工程投资，同时，也不会对水稻收割、插秧的机械化作业和田间管理造成影响。除此之外，水稻秧苗移栽前可在完成施肥和旋耕后，用机械在稻田中央每隔 5 米开一小水槽，小水槽的宽度 20 厘米、深 7～10 厘米，小水槽既不影响水稻种植，又能作为水稻烤田时淡水小龙虾的栖息地，使虾苗在烤田时不至于因脱水时间过长而死亡（图 4-3）。

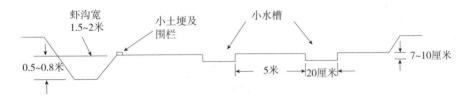

图 4-3　稻田工程剖面示意图

（注：水沟宽 1.5～2 米、深 0.5～0.8 米，小水槽宽 20 厘米、深 7～10 厘米，间隔 5 米）

3. 清除野杂鱼　稻田中有一定数量的野生泥鳅和黄鳝，虾沟里有较多的鲫等小型鱼类，对淡水小龙虾养殖有一定的危害，必须予以清除。泥鳅和黄鳝可在翻耕稻田时捕捉，虾沟中的小杂鱼可用茶粕杀灭，用量为 20～25 千克/亩，使用时加 5% 食碱后用水浸泡 2～3 天，将浸出液泼洒至沟中，即可杀灭野鱼。

4. 投放培养基 施肥是提高水稻产量的有效方法，同时，还可以培育出大量的底栖饵料生物供虾苗摄食，足量的肥料可以为淡水小龙虾养殖节约大量的人工饲料，同时可减少水稻种植时化肥的使用量。水稻移栽前 7～10 天，通常每亩稻田需施腐熟的猪粪、鸡粪或牛粪 300～500 千克，考虑到稻田中养虾后过量的有机肥易造成夏季水体缺氧，故本项模式中改用经益生菌发酵的培养基效果将会更好。同时，每亩需加入过磷酸钙 15 千克，以促进水草生长。投放培养基后用旋耕机将物料旋耕至稻田的表层土中，以提高底栖饵料生物培养的效果。旋耕结束后在大田中央每隔 5 米开挖 1 条宽 20 厘米、深 7～10 厘米的小水槽，在烤田时可供淡水小龙虾栖息，以防止脱水。

5. 围栏 虾稻共作采用的是粗放式养殖方式，养殖密度较低，因此，稻田中只需在稻田承包区四周构建围栏防逃，田块之间并不需要设立围栏，但虾沟中放养的虾苗或亲虾密度较高时，为防止水稻插秧前虾苗提前进入大田，可在虾沟小土埂外侧建围栏。围栏材料可选用厚塑料或 20 目的网片，高度为 50～60 厘米，其中 20 厘米埋入土中，每隔 2 米用一竹桩固定。稻田进水或排水时很容易发生虾苗逃逸的事故，因此在进、排水口必须用密网围栏。

6. 注水 水稻收割后正值冬季，稻田中留有较多的稻茬和秸秆，此时向虾沟和大田注水，可加快秸秆分解，开春后稻茬根部萌发的再生芽还可以作为虾苗的饵料，有利于降低生产成本。注水后的 1～2 个月内，虾沟和大田中的水位均保持在 20～30 厘米，以利水草的栽种与生长（图 4-4）。为防止野杂鱼进入稻田中与虾苗争食，注水时应采用 60 目的筛绢过滤进水。

7. 种草 种植水草是淡水小龙虾养殖中不可缺少的重要环节，水草除了是虾苗的附着物和食物以外，还可以起到净化水质和成为虾苗蜕壳时的隐蔽物。虾沟中采用伊乐藻与苦草混种的方式，比例为 8∶2，伊乐藻的种植期为 11 月至翌年 2 月，苦草的播种期在

图 4-4 水稻收割后用于养殖

2～3 月。大田中的水草以伊乐藻为主，2 月撒播苦草种子。虾沟中的伊乐藻每

间隔 2 米种植 1 簇，覆盖率为 40%～50%；大田中每间隔 3～4 米栽种一溜伊乐藻，每亩种植量为 20～30 千克。苦草种子可浸泡后与泥土按 1∶20 的比例拌匀后撒播在稻田中，每亩种子用量为 50～150 克。淡水小龙虾对水草有较高的摄食率，6 月底稻田中的水草覆盖率已明显降低，剩余的水草经旋耕后可作为水稻的"绿肥"，对水稻的生长十分有利。在水稻种植期应尽可能在虾沟中多留水草，以作为翌年的草种。

8. 放养亲虾繁殖虾苗 8～9 月可放养体重为 30～35 克的亲虾繁育虾苗，雌雄比为（3～5）∶1；10 月初放养雌虾，可不放或少放雄虾，因为 10 月是淡水小龙虾繁殖高峰期，性成熟的大规格雌虾在 7～9 月已完成交配，不放雄虾可降低生产成本。

亲虾放养量为 15～20 千克/亩，亲虾选购时必须遵循就近购买原则，经长途运输的亲虾因脱水严重，放养后的成活率较低。

9. 放养虾苗 每年的 3～5 月，可在虾沟或大田中直接放养虾苗进行养殖，放养量为每亩 4 000～6 000 尾，规格为 70～200 尾/500 克。要求所购的虾苗体色呈青褐色，活力强，虾苗进入地笼后应及时起虾，防止虾苗长时间困在地笼中产生应激反应，影响放养成活率，一般每 6 小时左右就应起捕 1 次地笼中的虾苗。外购的虾苗要求脱水时间不超过 2 小时，且在包装或运输时避免挤压或被冰块冻伤，以提高虾苗放养后的成活率。

10. 放养抱卵虾 10 月可捕获较多的抱卵虾，直接放养抱卵虾不需要搭配雄虾，繁殖效率也高于放养亲虾。抱卵虾的放养量为 5～10 千克/亩，若抱卵虾的抱卵量偏少或活力不强，可适当增加放养量。抱卵虾运输时应避免脱水，不然离水时间超过 15 分钟后，处于心跳期的胚胎将会窒息死亡，并导致孵苗率降低。

11. 田间管理 江苏省的早稻种植多在 4 月底育秧，5 月底移栽，在 10 月收割；而中稻一般在 5 月中、下旬播种，6 月中、下旬或更晚些时候移栽，在 10 月底或 11 月初收割。因此，淡水小龙虾苗种放养、苗种繁殖、饲料投喂和商品虾捕捞等管理措施，必须根据水稻插秧期、分蘖期、抽穗期、灌浆和成熟期等不同生长时期的特点，制订出相应的田间管理方案，使淡水小龙虾的栖息、觅食和蜕壳活动与水稻生产的插秧、水位调节和烤田等各项农活相互协调和契合。

（1）亲虾放养后的田间管理 7～8 月是淡水小龙虾的交配高峰期，9～11 月是产卵高峰期，10 月中旬后多数亲虾已打洞穴居，因此，7～9 月是亲虾放养的最佳时期。由于亲虾放养时水稻尚未收割，因此，需要在虾沟中暂养亲虾。亲虾放养前，虾沟必须消毒并清除野杂鱼，同时，种植伊乐藻、苦草作为亲虾的隐蔽物和植物性饵料。亲虾放养后存在着死亡率高的缺陷，因此在傍晚应适量投喂小杂鱼，以提高亲虾的营养水平和抗应激能力。小杂鱼的投喂量应控制在亲虾总体重的3%以内，未吃完的残饵在第二天应及时捞除，防止沟底受到污染后引起亲虾大批死亡。

考虑到亲虾繁殖同步性差，部分个体性腺发育滞后，其产卵可延迟至年底或翌年初，因此，虾沟中亲虾孵苗结束后应推迟至翌年的3月底或4月起捕出售为宜，以提高亲虾的利用率。同时，4月是一年中虾价最高时期，此时起捕亲虾可获得较高的收益。

（2）虾苗的田间管理　水温低于8℃时，虾苗的活动量较小，不易为地笼所捕获；只有当水温超过12℃时，虾苗的捕获数量才会明显增加。因此，稻田中育成的虾苗在3月底才能开始捕捞。江苏地区的天然虾苗捕捞高峰期在4月底至6月底，此时正是虾苗生长盛期，同时也正值稻田的空闲期，4月底将虾苗投放到虾沟和大田中养至6月初可以起捕一批规格达到25～40g/尾以上的个体上市销售，6月中、下旬待大田排干后可清理余虾，大规格虾上市销售，小虾苗转至虾沟中暂养。稻田晒干后进行施肥、旋耕、平整和开挖小水槽，并在6月底至7月初进行水稻插秧，由此开始，虾稻共作进入了虾与稻互利共生阶段。

水稻栽插后5～7天返青，10～12天开始分蘖，为避免虾苗对刚栽插的水稻秧苗造成危害，虾苗应在水稻返青后投放。

4～6月江苏省的稻田水温为12～28℃，是最适宜淡水小龙虾生长的水温。在此水温条件下，1厘米的虾苗经3个月养殖，体重可达25～30克/尾以上；大规格虾苗（每500克60～70尾）经1个多月的养殖，体重可达35～40克/尾。在此期间饲料投喂量的调控、养殖生态的维护和生产管理措施是否到位，将直接决定当年淡水小龙虾养殖产量的高与低，对养殖能否增效起决定性的作用。因此，应当充分利用4～6月淡水小龙虾的生长高峰期来提高养殖产量和效益。

4月虾沟和大田中有较丰富的天然饵料，因此不需要投喂；5月投喂小杂鱼，投喂量控制在虾苗存塘量的1%～2%。虾沟和稻田中还可投放浮萍和麸皮等植物性辅助饵料替代高价的人工饲料，以降低生产成本。6月虾苗以稻田中水草为主食，只需少量投喂小杂鱼或人工饲料。水稻种植后进入了虾稻共生阶段，此阶段的淡水小龙虾采用低密度粗放的养殖方式，饵料只投喂在虾沟中，大田中不再投喂人工饲料。淡水小龙虾生长所需的营养主要来自稻田中的有机质、杂草、水稻虫害和底栖生物等，因此生产成本大幅度降低。

（3）抱卵虾的田间管理　10月放养抱卵虾可繁育出大量的虾苗，由于天气渐渐转凉，孵出的虾苗在10月中旬前生长较快，10月底后生长缓慢，养至年底的虾苗体长多数为2～3厘米，少数能达到5厘米。虾苗经越冬后，翌年4月的规格每500克可达60～80尾。

抱卵虾放养后应少量投喂小杂鱼，放养15天后就可以发现有虾苗孵出。刚出膜的Ⅰ～Ⅱ期幼体寄生在母体腹部，Ⅰ期幼体的营养来自自身的卵黄囊，不摄食，完成2次蜕皮后发育成小虾苗即离开母体独立生活，此时主要以沟底的有机质为食，因此也不需要投喂。淡水小龙虾与其他甲壳动物不同，水温5℃时仍能蜕壳。4～5℃仍有觅食行为，但摄食量极少，无需投喂。3月虾苗已长至2～3厘米，生长速度较快，在傍晚可投喂浮萍。3月底或4月将亲虾起捕出售，同时将虾苗转放至已提前完成清整、施肥、旋耕和种草的大田中。4月在大田中生长的虾苗可觅得大量天然饵料，虾苗密度低时不需要投喂，密度高时可少量投喂麸皮。5月虾苗生长快，需要摄入更多的营养，此时，可投喂小杂鱼以促进生长，5月中、下旬至6月初可起捕部分达到25～40克以上规格的个体上市销售，以降低养殖密度。6月中、下旬捕出大田中的小规格虾转至虾沟中暂养，待大田中完成施肥、旋耕和开挖小水槽后，便开始插秧。10天后用地笼从虾沟中起捕虾苗转放至大田中继续饲养，但养殖期间不需要投喂人工饲料，虾苗在稻田中以天然饵料为食。

12. 虾稻共作的水稻品种及管理

（1）水稻品种　4～6月是全年中淡水小龙虾生长最快的3个月，若选用的水稻品种能在6月下旬或7月初插秧，则可以为虾苗在大田中生长争取到宝贵的黄金生长期，有利于养殖产量的提高。晚播的水稻应选用生育期相对较短的品种，以避免水稻在灌浆期受到冷空气影响而减产。除此之外，苏南、苏中和苏北地区存在着一定的气候差异，各地种植的水稻品种各不相同，在实施虾稻共作时选种中稻更为合适，即在5月底下种育秧，6月中、下旬或7月初插秧，在10月中下旬至11月初收割，从而使淡水小龙虾在4～6月的生长潜力得到充分的挖掘，使养殖产量和效益得到提高。需要指出的是，当养殖淡水小龙虾的收益高于水稻时，有些农户可能更愿意在稻田中只养虾而不种稻，其实不种稻只养虾反而不利于提高养殖效益。首先是未种的土壤有机质和天然饵料生物大幅减少，大量投喂人工饲料将增加生产成本；其次是淡水小龙虾是一种适合于粗放式养殖的品种，高密度养殖的效益并不好；其三是只养不种的稻田土质将会发黑并缺氧，易导致养殖生态恶化和虾苗死亡率陡增，养殖风险远大于虾稻共作；其四是缺少水稻的稻田养虾生态极不稳定，且虾苗死亡率高，因此产量并不会有太多的提高；其五是 7～9 月为高温季节，淡水小龙虾的生长较慢，在此阶段种植水稻的收益高于养虾的收益，因此，不种稻只养虾的产量和效益均不会比虾稻共作有太大的提高。

在虾稻共作模式中（图 4-5），要求水稻品种具有较好的抗倒伏特性，同时，还必须有优良的抗病特性，以减少农药的使用量，为消费市场提供安全可靠的优质农产品。

推荐的水稻新品种有 9108、淮稻 5 号、连粳 7 号、香优 666、Y 两优 302、广两优 476 和 C 两优 396，上述品种均为高产杂交中稻，全生育期为 132～145 天，分蘖力强，植株较矮，抗倒性较强，株型松紧适中，稻穗大、结穗多、粒大、粒重，结实率高且稳定，稻米品质好。

图 4-5 水稻与淡水小龙虾共作

（2）水稻管理 水稻栽插的行距为 22～25 厘米，株距为 18 厘米，每亩稻田的水稻栽插密度为 1.3 万～1.4 万穴，比正常的秧苗数量少 7%～15%，这与稻田中开挖了 1 条占总面积 5%～10% 的虾沟有关，秧苗总数虽然有所减少，但对水稻产量的影响不大。其主要原因是：稻田中有机肥用量足，虾沟、虾槽边际效应有增产作用；淡水小龙虾在稻田中爬行时有松土和增氧作用，秧苗根系远比未养虾的水稻根系发达，水稻的抽穗整齐，分蘖力强，成穗率高，有利于提高水稻产量，因此，上述的增产效应可以弥补水稻栽种面积缩减而减少的产量。但虾沟开挖的面积超过 15% 时，水稻产量将明显下降。

养虾的稻田在插秧前已施入足量的有机肥和无机肥，农田的肥力较强，但在秧苗移栽第 7 天为保证水稻返青后有更好的生长优势，仍可考虑在稻田中施尿素 5～7 千克/亩，秧苗移栽 10 天后可将虾苗从虾沟中转到大田中养殖。放养虾苗后稻田中禁止使用有机磷或菊酯类杀虫剂，追肥时禁用对虾苗有毒害作用的碳酸氢铵。在防治稻纵卷叶螟、二化螟、稻飞虱和细菌性病害时，应首选低毒、低残留的生物农药，如井冈霉素、好力克和康宽等，但噻嗪酮等对淡水小龙虾蜕壳有抑制的作用的药物应慎用。放养淡水小龙虾后稻田中的杂草数量明显减少，通常不需除草和使用除草剂，可以降低生产成本和劳动强度。

烤田是水稻增产的有效措施。在水稻分蘖末期，为控制无效分蘖、改善稻田土壤的通透性、提高土壤的温度和促进水稻根系向下生长，通常需排水烤田 2～7 天。但虾稻共作的稻田宜轻烤，烤田时要保证开挖的小水槽中有积水，防止虾苗在烤田时脱水死亡。

（3）虾稻共作的稻田水位管理方法　水稻插秧的水位为 2～3 厘米，插秧后立即注水保返青，水位控制在 4～6 厘米，以不淹苗心为准，秧苗返青后让稻田水位自然落干至 3 厘米，以提高水温和泥温，促进分蘖，有效分蘖结束后排水烤田 2～3 天，当水稻叶色由浓绿转为黄绿色时应立即复水至 5 厘米，并保持浅水位至幼穗分化期前。进入幼穗分化期后可提高水位至 15 厘米，随着水稻的生长逐步加高至 30 厘米，并保持该水位至水稻成熟为止。水稻收割前 7 天将田中积水彻底排尽，晾干泥土后便可开镰收割。

水稻收割后将部分秸秆粉碎后还田，留茬 20 厘米，同时注水 20 厘米后种植伊乐藻和苦草。秸秆还田可以肥水并培育出天然饵料生物，而留下的稻茬根部可供幼虾攀爬和隐蔽，稻茬上长出的再生芽，是淡水小龙虾的植物性饵料。

13. 捕捞　虾稻共作时淡水小龙虾可分两批捕捞，第一批是在 4 月初至水稻插秧前的 6 月中旬，该批虾的产量占全年总产量的 60%～70%；第二批是下半年虾苗放养后 30～40 天时开始捕捞，至 8 月下旬结束，余下的成虾投放到虾沟中用于虾苗繁殖，为翌年养殖储备苗种。上半年的商品虾产量高于下半年，其主要原因为：①夏季高温不利于淡水小龙虾蜕壳生长；②在高温条件下淡水小龙虾性成熟加快，性成熟后蜕壳周期延长，生长缓慢；③高温季节生态易恶化，养殖死亡率较高；④下半年的虾苗体色转红，甲壳增厚，蜕壳次数少，生长变慢。因此要提高虾稻共作的产量，必须加强 4～6 月淡水小龙虾生长高峰期的田间管理，以提高养殖产量。除此之外，应充分利用水稻收割后稻田的空闲期培育天然饵料生物，以加快淡水小龙虾的生长速度、提高商品虾的养成规格和养殖成活率，使稻田的生产潜力得到充分的发挥。

3～6月中旬，可用地笼在虾沟和大田中捕捉淡水小龙虾。水稻种植并在分蘖期结束30～40天后，可将地笼布设在小水槽和虾沟中进行捕捞，也可屠手捕捉。捕捞的原则是捕大留小，轮捕轮放，适时补充一部分青壳虾苗可以提高养殖效益。

放养至大田中的淡水小龙虾在8月初已趋于成熟，可以起捕一部分达到规格的个体，8月底应停止捕捞，留下一定数量的亲虾转到虾沟中进行繁殖，为翌年养殖准备虾苗。10月大田中除了自繁的小规格虾苗外，成虾已很少，此时起捕最后一批虾苗后，可排水准备水稻收割，水稻收割完毕后，虾稻共作开始转入下一轮回。

14. 虾稻共作的小结 首先对稻田进行规划，按照设计要求开挖宽1.5～2米、深0.5～0.8米的虾沟，虾沟中虾苗的密度较高时应考虑构建围栏，然后对大田进行清整，每亩稻田施入500千克经过发酵处理的有机肥或培养基，并在虾沟和大田中种植伊乐藻等水草。4～5月在虾沟和大田中放养虾苗，密度为4 000～6 000尾/亩，规格每500克为60～80尾，虾苗经1～2个月的生长后，其中，已达到商品虾规格的个体可在5～6月起捕出售。大田中虾苗捕捞结束后，开始重新整理稻田、补充有机肥、旋耕和开挖小水槽，于6月底或7月初浅水插秧，插秧后注入返青水，并对稻田水位进行调控，水稻返青后从虾沟中移出部分虾苗放入大田养殖。经1～3个月的养殖，可在7～8月起捕部分成虾出售，8月底至9月虾沟中留下部分成虾用于繁殖，如果稻田中成虾数量不够，可向虾沟内投放体重30克左右的成虾15～20千克，以增加翌年稻田中虾苗的数量。水稻收割后留茬20厘米，同时，注入河水20厘米培养饵料生物，为下一轮虾稻共作做好准备（图4-6）。

采用上述虾稻共作模式，通常可收获水稻500～650千克/亩，同时，可捕获50～100千克/亩的淡水小龙虾，是一种可以取得虾稻双丰收的种养模式。开展虾稻共作模式，可充分发掘稻田的生产潜力，增加农民的收益，因此，虾稻共作是一项风险小、效益稳定的生产方式。推广应用并实现规模化生产后，可增强农村地区的经济实力，为小康社会建设发挥重要的作用。

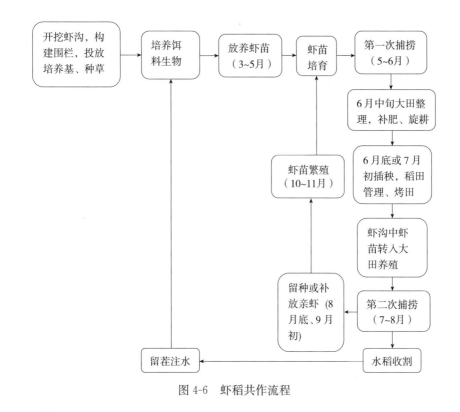

图 4-6 虾稻共作流程

二、淡水小龙虾稻田养殖的江西模式

江西省鄱阳湖的周边地区有许多只能种植单季稻的低洼地，在低洼地开展稻田养虾，具有成本低、产量高和农民增收效果好的特点，因此，该模式在该省发展较快，并形成了具有江西特色的稻田养虾模式。

1. 稻田的选择 养殖淡水小龙虾的稻田，应选择 100 亩以上集中连片只种单季稻的稻田，要求稻田的进、排水方便，水源无污染。

2. 田间工程建设 单季稻田是指稻田中只种 1 茬水稻、不再种植麦子的田块，其田间工程建设应考虑的原则是：稻田的水稻种植面积应不小于90％～95％，也就是开挖的水沟面积应控制在 5％～10％。该原则除了考虑到降低田间工程的投资成本外，还同时兼顾了水稻的产量，也就是在尽量保证水稻不减产或少减产的情况下进行淡水小龙虾养殖。稻田养虾的田埂要加固和适当加高，以减少淡水小龙虾打洞逃逸的事故发生。

3. 虾苗暂养沟　利用水稻种植的空闲期进行淡水小龙虾养殖，是使稻田增加额外收益的一种养殖方式。为使淡水小龙虾养殖与水稻种植相互契合，需要在稻田中构建侧沟或环沟，用于虾苗或亲虾的暂养。因此，稻田沟不需要太宽或太深，水沟太宽，会使水稻种植面积减少，影响水稻的产量；水沟太深，不利于水草种植，且沟底易缺氧。单侧沟或环沟的宽度均为1.5～2米为宜、深0.8米，每20亩左右为1个单元，具体视稻田的实际情况而定，单元面积最大以不超过50亩为宜（图4-7）。各单元由高0.6米、宽30厘米左右的田埂分隔，每个单元各自有独立的暂养沟，数个单元连片形成规模化的养殖区域，每个养殖区域应有独立的进水渠道，以保证养殖用水不受农田用药的影响。侧沟或环沟的面积占稻田面积的5%～10%时，水稻的产量可保持在500千克/亩左右。需要注意的是，在环沟的一端应留出8米左右的通道，以便收割机等机械可进出稻田。传统的稻虾养殖均在稻田中间开挖田间沟，此方案不利于水稻收割机的机械化作业，因此此田间沟应当取消。

生产实践表明，未设田间沟非但不会对淡水小龙虾的养殖产量造成影响，反而有利于淡水小龙虾回捕率的提高。如果采用虾稻共作模式，可在稻田中间每间隔5米开挖1条宽30厘米、深7～10厘米的浅沟，以提高烤田时淡水小龙虾的成活率。此方法可以替代田

图 4-7　侧沟暂养亲虾与虾苗

间沟，而且可以可最大限度地减少养虾对水稻种植的影响，同时又能获得较高的养殖产量。

4. 养殖区道路建设　连片的稻田养殖区四周，应建1条高1.2米左右、宽3～5米的主道，一则便于饲料和生产物资的运输，二则可确保养殖区的淡水小龙虾不发生外逃事故。主道两侧必须夯实压紧，防止淡水小龙虾打洞外逃。

5. 田埂加固　开挖环沟或侧沟挖出的泥土，用于加高加固稻田内各养殖单元的小田埂。田埂高0.6米，宽0.5米，田埂的泥土要夯实，以防淡水小龙虾打洞后在雨天发生田埂坍塌。田埂是饲养管理的主要通道，同时可起到分隔

各养殖单元的作用。

6. 安装防逃设施　稻田养殖淡水小龙虾的养殖密度较低，同一个养殖户的不同养殖单元间通常不需要建设防逃围栏，但在整个养殖承包区外围可建立防逃围栏，围栏材料可选用网片、塑料薄膜或钙塑板。围栏可建在田埂的内侧，高 60 厘米，其中 30 厘米埋入泥土中，用竹桩固定，竹桩置于围栏外侧，桩距 1.5 米。围栏除了具备防止淡水小龙虾打洞外逃功能外，还可以防止老鼠、蛇、青蛙等敌害的侵入。进、排水口要用密网扎紧围住，防止虾苗随水流而外逃。进水渠道建在田埂的一侧，排水口应建在虾沟的最低处，以满足高灌低排的要求，同时，也有利于水稻田的水位控制。

在水稻插秧时若侧沟或环沟中的虾苗密度较高，为防止虾苗提前进入稻田对刚插的秧苗造成危害，应在稻田靠沟的一侧构建小土埂，并在土埂靠沟一侧设立简易围栏，确保秧苗的安全，当秧苗返青后才可以让虾苗进入大田。

7. 稻田放苗前的准备

（1）消毒清沟　水稻收割后，稻田沟用生石灰消毒，浓度为 150 克/米^2。消毒清沟的重点是，清除沟内的野杂鱼、泥鳅、黄鳝、中华鳖和蛇等敌害生物。

（2）施足基肥　水稻收割后，向大田均匀施放经腐熟的有机肥 500～800千克/亩作为水稻基肥，然后进行旋耕。投放的发酵有机肥除了可以增加稻田养分外，还可培育出天然饵料生物供虾苗摄食。水稻收割后，可将部分秸秆予以还田。秸秆还田的方法是，将其分成若干小堆，每堆间隔 10 米左右。也可以粉碎后均匀布撒，注水后稻秆将分解为有机质，可增加稻田中的有机质含量，同时也是虾苗的食物。

（3）移栽水生植物　侧沟或环沟内在 11 月至翌年的 2 月栽植伊乐藻、轮叶黑草、苦草和马来眼子菜等水生植物，沟边可种植蕹菜、水葫芦等。水生植物种植面积占整个稻田的 60% 左右，水沟内水草的覆盖率为 40%，以利于沟内水流通畅和灌溉。大田内的水草覆盖率为 60% 以上，水草覆盖率高可以节约人工饲料，同时可以降低淡水小龙虾的自相残杀率。大田中的水草在 6 月会因淡水小龙虾的摄食而大量减少，剩余的水草可以在水稻种植前用旋耕机旋入泥土中成为水稻的绿肥。需要注意的是，大田中种植的水草不应选用水花生，因为水花生生命力强，旋耕后仍可能存活，对水稻的生长有较大的影响。

8. 苗种放养　确认清塘药物的药性已消退后，即可放养虾苗或亲虾。放养方式可分为放养亲虾、放养抱卵虾和放养虾苗三种：

（1）**放养亲虾** 每年的 7～9 月，在中稻收割之前 1～2 个月用清塘灵或生石灰杀灭侧沟或环沟内的野杂鱼，1 周后将淡水小龙虾亲虾投放至沟内进行繁殖。投放量可根据稻田养殖的实际情况而定，一般每亩放养淡水小龙虾 30 千克（900～1 500 尾/亩），规格为 30～50 尾/千克，雌雄比为 3∶1。亲虾在沟中交配繁殖后，所孵化出来的幼虾在沟内暂养，待水稻收割后向大田内注水至 0.2 米，同时，提高沟内的水位与大田水位平齐，使沟内的虾苗能够进入大田中生长。沟内的亲虾可在翌年 3～5 月用地笼起捕出售。

（2）**放养抱卵虾** 在完成清沟、施肥等准备工作后，于 10 月向沟内投放抱卵虾。投放量为每亩 15 千克，繁育的虾苗在沟内暂养，待水稻收割后注水淹没暂养沟，使虾苗进入大田中生长。

（3）**放养虾苗** 虾苗可在水稻收割前或收割后放养，水稻收割前虾苗放养在侧沟或环沟中，投放虾苗的数量为 0.4 万～0.8 万尾/亩，规格每 500 克为 60～80 尾。若是在水稻收割后放养虾苗，则可以直接投放至大田中。为满足虾苗放养后摄食的需要，放苗前可事先向稻田中均匀施放腐熟的农家肥或专用培养基，经旋耕后可向稻田注水 20～30 厘米培养天然饵料。为提高虾苗的成活率，放苗前在稻田小埂两侧营造若干人工洞穴，洞深 20～30 厘米。

从外地购进的虾苗或亲虾因运输时间较长，存在严重脱水现象，放养前应用水浇淋数遍让鳃丝吸足水分后再放入稻田沟中饲养，也可将虾苗或亲虾在水中浸几下提起搁置数分钟后再放养至稻田沟内，可降低虾苗或亲虾的应激反应，提高苗种放养的成活率。

9. 田间管理

（1）**追肥** 稻田养殖无论采用何种放养方式，在冬、春季都需要追肥、种草和培肥水质。丰富的天然饵料，可以降低稻田养殖的生产成本。2～4 月每半个月补栽 1 次水草，使水草的覆盖率保持在 40% 以上，同时，追施 1 次腐熟的农家肥，每次 5～10 千克/亩。

（2）**饵料投喂** 稻田养殖在 4～5 月应加强人工饲料的投喂，投喂的饵料有鱼糜、螺蚌肉等，也可从河道中捞取枝角类、桡足类进行投喂。6 月可不再投喂饲料或少量投喂，此时，虾苗以稻田中的水草和有机质为主食（图 4-8）。

当水温低于 15℃时，淡水小龙虾摄食量明显减少，可减少投喂。冬季淡水小龙虾进入洞穴中越冬不需再投喂，直至翌年 3 月水温回升后，虾苗摄食量也随之增加，此时稻田中有机质丰富，可暂不投喂。春末、夏初，淡水小龙虾的生长速度较快，此时必须加强投喂才能满足其生长的需求，适当增加优质饵料的投喂，可增加养殖产量。4 月以投喂饼粕为主，5 月以投喂小杂鱼和螺蚌肉为主。小杂鱼是淡水小龙虾喜食的饵料，投喂量为 1 千克/亩。饼粕、小麦、破碎的螺与蚌及屠宰场的下脚料等均可作为淡水小龙虾的饵料，每亩每次的投喂量应控制在 1 千克以内。投喂的颗粒饲料在水中的稳定性应不小于 2 小时，且要求有较好的诱食性，每次的投喂量应

图 4-8　虾、稻种养双丰收

控制在 0.5 千克/亩以内。傍晚是淡水小龙虾摄食高峰期，饵料投喂应以田埂四周为主，白天投饵采用大田遍撒的方式。为使稻田中的水草覆盖率保持在40％以上，5 月可从河蟹养殖池中捞取多余的水草进行投喂，每次为 50～100千克/亩。

稻田水位较浅，水温高于 25℃时不应向稻田中直接投放有机肥，以免引起水质恶化和虾苗缺氧死亡。在饲料缺乏时，不建议用稳定性较差的草鱼或鲤等鱼类配合饲料进行喂养，因为鱼饲料散失快，易造成饲料浪费。

饲料投喂应遵循"四定"的原则，要确保投喂的饲料新鲜未变质，同时，还需注意投喂量的控制，过量投喂将造成水体污染。定期在饲料中加入免疫多糖和多种维生素有利于虾苗体质的增强，以减少疾病的发生。在淡水小龙虾不同的生长季节，应及时调整饲料品种和投喂比例，幼虾以肥水为主，适量投喂麸皮等廉价饲料。5 月投喂小杂鱼可以加快淡水小龙虾的生长速度，有利于提高养殖产量。

（3）巡田与管理

①应坚持每天巡田，检查进、出水口筛网是否牢固，防逃设施是否损坏，汛期暴雨季节应防止漫田等逃虾事故的发生。巡田时还要检查田埂是否有漏水，发现漏洞应及时修补和加固。

②稻田中蛙、蟾蜍、水蛇、泥鳅、黄鳝、水鼠及水鸟等均是淡水小龙虾的敌害，除了苗种放养前用药物严格清田外，进水和排水时要用 40～60 目的筛绢网过滤，防止敌害侵入。水鼠可采用鼠药、鼠笼、鼠夹等多种方法加以清

除，水鸟可在田边拉线或设置一些稻草人驱赶。

③淡水小龙虾苗种阶段的抗病能力较强，发病率较低，但成虾养殖的死亡率较高，因此应及时调节水质和适时起捕，以降低损失。养殖过程中虾沟每半个月左右用1次生石灰，每次3～5千克/亩。但应避免将生石灰水泼浇在水草上，以免发生烂草污染水质。

④稻田养虾应勤巡田，注意观察沟内水色、底质变化和虾类活动与摄食情况，做好生产记录，以供后续养殖参考。

10. 捕捞 每年的4月开始用地笼在侧沟或环沟中捕捞稻田中体重已达到30克/尾以上的成虾，留下小规格虾继续饲养。在6月底稻田整田前，应加强大规格虾的捕捞力度。在水稻插秧前10天完成捕捞，捕获的小规格虾可以放养在侧沟或环沟中暂养，为后续养殖提供苗种。

11. 注意事项 稻田养殖淡水小龙虾的技术要求并不高，但要取得高产却并不容易，在养殖过程中应重点做好以下几点：

（1）及时放养苗种 苗种应在侧沟或环沟中提前繁殖，首次在稻田中养虾时稻田中苗种数量相对较少，应适当多放；翌年稻田中有较多的余虾，可少放或不放养虾苗。放苗最好选择在4～5月，过晚放苗养成的商品虾规格偏小。放养亲虾或抱卵虾应在每年的8～10月为宜，此时正值淡水小龙虾的繁殖高峰期，有利于提高虾苗的繁殖数量，为高产奠定基础。

（2）避免高密度放养 应掌握好虾苗或亲虾的放养密度，过高的放养密度易破坏养殖生态，死亡率较高，反而得不偿失。饵料充足、水草丰富的水域，可适当增加放养密度；反之则宜减少。

（3）加强稻田养殖淡水小龙虾的田间管理 稻田中种植水草可提高养殖产量，为确保水草的覆盖率，水草应在11月至翌年的2月种植为佳，早种水草有利于形成水草群落和降低生产成本。必要时可在稻田中设置围栏，建立水草保护区，待水草长成后再撤除围栏，可确保水草种植的效益最大化，同时也有利于养殖生态的改良，为淡水小龙虾的高产和稳产提供保障。

（4）饲料投喂量 5月应加强优质饵料的投喂，每亩的投喂量不少于0.5千克为宜，以确保淡水小龙虾的养成规格能达到30克/尾以上，以获得更好的养殖效益。

（5）禁用剧毒农药 在种稻期间为确保虾苗的安全，应禁用菊酯类或有机磷农药，水稻的病虫害可用康宽等生物农药防治。

三、安徽省虾稻共作模式

稻田养虾是一种互利共生，且可以实现稻虾双丰收的养殖模式。稻田中有丰富的天然饵料生物，其生态条件可以满足淡水小龙虾栖息、觅食、繁衍和生长的各项要求。淡水小龙虾在稻田中生长可以为水稻除草、驱虫、松土等，有利于水稻增产，水稻有遮阴作用，可降低稻田的水温，有利于淡水小龙虾的正常生长。虾稻互利共生，可使稻田的生产潜力得到发掘，有利于农民增收，因此，稻田养虾是一种值得推广的养殖模式。

稻虾共作模式宜种植中稻，同时要求水稻品种选择抗病虫、抗倒伏的粳稻，种植时间为 6 中、下旬或 7 月初，至 11 月初收割。淡水小龙虾在稻田中的生长期为 11 月至翌年 10 月底，其中，11 月至翌年 6 月是稻田养虾的第一阶段，此阶段稻田尚未种稻，只用于淡水小龙虾养殖；7 月至 11 月底是稻田养虾的第二阶段，此阶段为虾稻共作期，两个养殖阶段组合成的稻田养虾模式，具有其他养殖模式无法比拟的成本优势和效益优势。

1. 稻田的条件与工程

（1）稻田条件　稻田应靠近水源，要求水源充沛，水质无污染，底泥为壤土，面积从几亩到上百亩不等，但每个单元以 20～50 亩最佳。要求稻田的保水性要好，排灌方便，汛期大水不淹，旱期不缺水，不受周边农业面源污染的影响。

（2）稻田工程　在稻田四周距埂面 1～1.5 米处开挖环沟，为少占用稻田面积以确保水稻的产量，环沟不宜太宽，沟上端宽 2～3 米、底端宽 0.5～1 米、沟深 0.8 米、坡比为 1∶2.5 左右，浅沟有利于种草，沟底也不易缺氧。环沟一端或两端埋有直径 0.8 米的水泥管，用于连通环沟的水流，水泥管上方填入泥土并压实，以便于农业机械的进出。面积超过 50 亩的稻田可以套用稻田养鱼的方式，在稻田中开挖田间沟，以增加深水区面积。但对淡水小龙虾而言，开田间沟只对虾苗繁殖有利，不开田间沟并不影响虾苗的正常生长，而且田间沟影响机械作业，因此，目前的稻田养虾多数已放弃了开挖田间沟的做法。如果确有必要开挖田间沟，沟也不宜太宽，一般沟的上端宽 0.8～1 米、底端宽 0.3 米、沟深 0.3 米。虾沟总面积以不超过田块总面积 15% 为宜。开沟挖出的泥土可加固加高田埂，稻田养殖区外围的主埂高 1 米、宽 1.5 米，田间的小田埂高 0.5 米、宽 0.4 米，田中可蓄水 0.3 米。靠近虾沟一侧的田面，用泥土围成一堵高 30 厘米、宽 20 厘米的土埂，埂边用高 60 厘米的厚塑料薄膜设置防逃围栏，其中 20 厘米埋入泥中，围栏用竹桩固定，桩距 2 米。进水口设置 60 目筛绢网布过滤进水，排水口设置 40 目密眼网罩，防止淡水小龙虾逃逸。

2. 放苗前的准备

（1）稻田清理与消毒　稻田中有较多的野杂鱼或敌害生物（如黄鳝、蛇、老鼠等），因此必须予以杀灭，环沟清理可选用生石灰（呈块状）、漂白粉、茶粕等。每亩稻田用生石灰 75～100 千克，漂白粉（有效氯 30%）8～10 千克/亩，茶粕每亩（1 米水深）用量为 25～40 千克。茶粕清塘的方法是先用水浸泡 2～3 天，浸泡时加入 5% 的食碱，取浸出液加水稀释后均匀泼洒。

（2）施肥　在淡水小龙虾种苗投放前，将充分腐熟的有机粪肥堆放于田沟四周的水边，每亩环沟的堆肥量为 200～300 千克，少量肥料可随着雨水流入沟内，起到适度肥水的作用。同时，肥料发酵后可培育出蝇蛆作为淡水小龙虾的饵料，有利于降低养殖成本和提高虾苗繁殖效果。切忌将肥料直接在田沟中泼洒，以防沟底在夏季严重缺氧。

（3）水草种植　水草应在水稻收割后种植，伊乐藻在冬、春季种植，轮叶黑藻和苦草在 3 月播种，大田中的水草尽可能早种，年底前种植伊乐藻易形成水草群落。环沟中的水草可在冬春季种植，也可在 7 月中旬移栽轮叶黑藻、金鱼藻。水花生易在稻田中泛滥并争夺养分，对水稻生长不利，通常只能将水花生种植在环沟内，环沟及田间沟内水草的覆盖面积占其总面积的 40% 左右。11 月大田中的水稻已收割，注水后即可移栽伊乐藻、菹草和苦草等，水草的间距为 3 米，水草覆盖面积为 50%～60%。

3. 苗种放养

（1）亲虾选择与放养　每年 8 月，从湖泊或河道中捕获的野生群体或养殖群体中选择体格健壮、甲壳艳红、体重 35～50 克、腹部肌肉饱满、性腺发育好的个体作为亲虾，亩均投放 20～30 千克。从外地运输的种虾应注意温差，可用浓度 10 毫克/升的高锰酸钾溶液浇淋消毒，5 分钟后放养。放养时轻轻倒在稻田斜坡上，让其自行爬入水中，应淘汰爬行无力和活力不强的虾苗，以免死亡后污染水质引起养殖生态的恶化。

（2）虾苗放养　每年 5～6 月，根据稻田中自繁的虾苗数量，每亩补充放养体长 4 厘米以上的虾苗 0.5 万尾。虾苗投放应选在晴天早晨或阴天时进行，以避免阳光直射。虾苗捕捞、暂养、运输及投放过程应带水操作，虾苗长途运输要防严重脱水和挤压，以提高虾苗放养的成活率。

4. 水稻品种及稻田整理

（1）水稻品种选择　稻田可选择种植一季中粳稻，生育期 4～5 个月，要求水稻的品质优、高产、抗病虫害、抗倒伏、耐肥性强、中熟且叶片开张角度小的紧穗型品种。

（2）稻田施肥、平整　在插秧前的 10～15 天，亩施用腐熟的农家肥 1 000～1 500千克，均匀撒在田面上，用旋耕机旋耕、耙匀、灭茬，等待水稻插秧。

5. 秧苗移栽

（1）秧苗移栽　6 月上旬，利用插秧机进行秧苗移栽，采取浅水栽插，充分发挥宽行稀植和边坡优势。移植密度以株行距 30 厘米×15 厘米为宜，以确保淡水小龙虾养殖过程中其生存空间有较好的通透性。

（2）秧苗管理　刚栽插的水稻秧苗尚未扎根并返青，此时若放养虾苗，对秧苗会造成较大的危害。因此，在虾稻共作的前期应将虾苗暂养在环沟中，稻田与环沟之间用泥土垒成小埂。一则可防止沟中的淡水小龙虾提前侵入稻田；二则利用小埂可调节稻田的水位，以利秧苗的正常生长。

6. 管理

（1）饲料投喂　亲虾可搭配投喂黄豆、小麦、玉米、河蚌肉和杂鱼等饵料，搭配比例为黄豆20％、小麦15％、玉米15％、河蚌肉30％和杂鱼20％，日投喂量占存塘虾体重的 3％～6％；也可选用蛋白含量为 30％以上的全价配合饲料，适量补充 0.02％的维生素 C，日投喂占存塘虾体重的 2％～3％，以翌日清晨无残饵为准。水稻种植后大田中一般不投饵，只在环沟中投放少量饲料，以减少不必要的饲料浪费。

4～6 月，淡水小龙虾进入快速生长期，每半个月投放 1 次生物有机肥，用量为 10～20 千克/亩，以培育天然饵料生物。同时，需增加投喂谷类、饼类、薯类和瓜果类食物等，每天傍晚投喂 1 次，亩投喂量为 0.5～2 千克。每隔 3～4 天投喂一次螺、蚌肉、杂鱼及畜禽下脚料等动物性饵料，亩投喂量为 0.5～2 千克。7 月，大田中不再投饵，颗粒饲料只投喂在环沟中，投喂量为沟中存虾体重的 1％～3％，每隔 7 天再补充一些动物性饵料以促进生长。8～10 月，只对沟内的虾苗或亲虾进行喂养，投喂的饵料以第二天无剩余为准。水稻种植前投喂颗粒饲料应沿虾沟及稻田的无草区均匀抛撒。

（2）水位管理　6～10 月是水稻种植期，注水时可在水稻田的围埂上开挖缺口让水自然流入或流出，水位要根据水稻的生长需要进行调节，做到"浅水栽秧，湿润定苗；寸水返青，薄水分蘖；够苗晒田，控苗搭架；足水孕穗，干湿壮籽"。11～12月，保持田面水深30～40厘米。翌年的3月水温回升时，保持20～40厘米低水位以增加水温，可促进淡水小龙虾的生长。调控水温的原则是：晴天有太阳时，水可浅些，让太阳晒水以便水温尽快回升；阴雨天或寒冷天气，水应深些，以免水温下降过快。

（3）田间管理　田间管理的主要任务是，水稻晒田（烤田）、施肥和用药等。

①晒田：晒田总体要求是轻晒或短晒，即晒田时，使田块中间不陷脚，田边表土不裂缝和发白。田晒好后，应及时恢复原水位，晒田时间过长，对稻田中的虾苗有伤害作用。如发现虾苗有异常反应时，则应立即注水。

②施肥：坚持"前促中控后补"的施肥原则，用于淡水小龙虾养殖的稻田，原则上应重施有机肥、少施化肥。在插秧前施足基肥，以有机肥为主，每亩施发酵腐熟的有机粪肥1 000～1 500千克。追肥主要选用叶面喷施生物微肥、生物钾肥、有机液肥和沼液等，可以追施1次尿素和过磷酸钙，也可使用氨水、碳酸氢铵、硝态氮肥（如硝酸铵等）和以硝态氮肥作基肥生产的复（混）合肥作追肥。应做到"前期早追施，中稳不疯长，后健不早衰"。

③用药：淡水小龙虾对许多农药都很敏感，稻田养虾的原则是能不用药则坚决不用，需要用药时则选用高效低毒的无公害农药和生物制剂，严禁使用含有机磷、菊酯类型的杀虫剂。施药时要注意严格把握农药安全使用浓度，确保虾的安全。而且最好将稻田分成若干个小区，每天只对1个小区用药，各小区交替使用农药。一般在早晨露水大时，喷散粉剂农药；下午叶片干燥时，喷施水剂农药。喷药时田面加水至20厘米左右，选用孔径0.7毫米的喷头，将药液喷在植株中上部，避免药液落入水中产生药害，严禁雨前施药。因喷药浓度过高产生药害时，立即注水稀释药液浓度，缓解药害。

④敌害预防和防治：稻田生态环境较好，淡水小龙虾病害较少，但青蛙、水蛇、老鼠、黄鼠狼、水蜈蚣、泥鳅、黄鳝及一些水鸟等敌害生物常捕食淡水小龙虾，在养殖过程中，除了用药物彻底清田外，需在进、排水口设置60目过滤网，经常检查防逃围栏是否破损，发生损坏应及时修缮。应清除田埂上易藏匿敌害的杂草、碎石等，另外，在田边设置一些彩条或稻草人，恐吓、驱赶水鸟，或者在稻田上方架设缠丝，或者采取降低水体透明度及将投喂时间推迟至日落后等。

7. 虾病预防 虾病重在预防，因此在放虾前，首先要选用体质健康、活力强的淡水小龙虾苗种，以降低发病率；其次是在虾种或虾苗放养前，可考虑用 10～30 毫克/升的高锰酸钾药浴 5 分钟，以降低细菌性疾病的发生。养虾期间应加强环沟和大田的水质管理，定期换水、泼洒生石灰水溶液、泼洒微生态制剂等调节水质。

（1）病毒病预防 白斑综合征病毒（WSSV）。病虾活力低下，不健康的虾体色较灰暗，部分虾头胸甲处有黄白色斑点。解剖可见空肠，一些病虾有黑鳃症状，部分尾部肌肉发红或者呈现白浊样，大规格虾最易死亡，死虾增多后水质易恶化，并导致中小规格虾也接连不断地出现死亡。

【防治方法】放养健康、优质的种苗，提早投喂精饲料，保持水质良好，定期使用氯制剂对水体进行消毒。必要时对发病塘口进行隔离，做到水体不互通、地笼等工具不串用，对病死虾要及时捞除，并作深埋处理，切断传染途径；使用 0.3～0.5 毫克/升的碘制剂全池泼洒或者用浓度为 0.3～0.6 毫克/升二氧化氯等消毒剂全池泼洒消毒。同时要进行生态改良，只有在良好的生态条件下，才能减少死虾现象的发生。

（2）纤毛虫病 主要由聚缩虫、累枝虫和钟形虫寄生引起，少量附生于虾体时，症状并不明显，虾也无病变，但当虫体大量附生时，虾的鳃、附肢等外观呈黑色，体表较脏，有绒毛状附着物，病虾在早晨浮于水面，反应迟钝，不摄食，不蜕壳，生长受阻。

【防治方法】彻底清塘，注意环境卫生，经常换新水，保持水质清新。发病时用纤虫净 0.8～1 毫克/升全池泼洒，隔日后再用二氧化氯 0.3～0.6 毫克/升全池泼洒。

（3）黑鳃病 该病主要由水质污染、霉菌感染所致，病虾鳃由红色变为褐色或淡褐色，直至完全变样，引起鳃萎缩。病虾往往伏在岸边不动，最后因呼吸困难而死。

【防治方法】保持水体清洁，溶氧充足，用漂白粉 1 毫克/升全池泼洒，连续 2 次，隔 3 天后用光合细菌 5 毫升/米³ 全池泼洒；饲料内添加 0.2% 稳定型维生素 C，连续投喂 7～10 天。

（4）霉菌病 由真菌寄生引起，病虾体表有黄色或褐色的斑点，在附肢和眼柄的基部可发现真菌的丝状体，病虾呆滞，活动性大为减弱或活动不正常，常造成病虾大量死亡。

【防治方法】保持饲养水体清新，保持正常的水色和透明度，是预防霉菌病的有效方法。

（5）烂鳃病　病原为丝状细菌，病虾鳃丝发黑，局部霉烂。

【防治方法】经常清除虾池中的残饵、污物，注入新水，保持良好的水体环境，保持养殖环境的卫生安全，保持水体中溶氧在 4 毫克/升以上，避免水质被污染；用 2 毫克/升漂白粉全池泼洒，可以起到较好的治疗效果。

（6）甲壳溃烂病　初期病虾甲壳局部出现颜色较深的斑点，然后斑点边缘溃烂，出现空洞。

【防治方法】用 2～3 毫克/升的漂白粉全池泼洒，也可以与浓度为 0.3 毫克/升的碘制剂交替使用，能起到较好的治疗效果。

8. 捕捞　第一茬虾捕捞时间从 4 月中旬开始，到 5 月底或 6 月初结束；第二茬捕捞时间从 7 月底开始，到 8 月底结束。成虾采用地笼捕捞，地笼网目适当放大至 1.5～1.8 厘米，保证幼虾能钻过网眼从地笼中逃出。

4～6 月，一般在傍晚沿田沟设置地笼，每隔 6～7 小时收虾 1 次。7～8 月，气温较高，应每隔 4～5 小时收虾 1 次，防止淡水小龙虾在虾笼中缺氧死亡。

四、浙江省淡水小龙虾稻田养殖模式

淡水小龙虾稻田养殖是充分利用稻田的水环境，在稻田里既种稻又养虾，以发掘稻田生产潜力和效益的一种生产方式。稻田养殖淡水小龙虾，可有效利用我国农村有限的土地资源和丰富的人力资源，降低稻田化肥和农药的使用量，增加农民的收益。合理的稻田养虾方案，不仅对水稻产量的影响可降至最低，还能生产出农药残留量低或无药残的稻米。稻田养虾具有投资少、见效快、易操作的特点，是淡水小龙虾养殖前景最好的一种养殖模式，值得大力推广。淡水小龙虾是一种比鱼类更适合在稻田中养殖的品种，这是因为淡水小龙虾比鱼类更能适应稻田的浅水环境，对饵料的要求也低于鱼类，稻田中丰富的天然饵料生物和有机质，不仅可以降低淡水小龙虾的养殖成本，而且产品的市场竞争力较强，农民增收效果好，因此，稻田养虾是名副其实的富民工程。

淡水小龙虾在稻田中可以清除杂草和部分害虫，同时又可以为水稻松土，而水稻的遮阴作用可以为淡水小龙虾提供理想的栖息地，两者可互利共生。因此，稻田养虾模式是典型的生态养殖方式。浙江省稻田养殖淡水小龙虾有两种模式：一种是淡水小龙虾与水稻共作；第二种是淡水小龙虾与中稻轮作。其中，虾稻共作模式的推广应用面积最大，养殖效益也最好。

1. 稻田的选择和改造

（1）水源和土壤 淡水小龙虾与水稻共作对稻田的要求是：水源充足，排灌方便，雨季不淹，旱季不涸。要求水源无污染，水质呈弱碱性，土壤以保水能力强、肥力高的壤土或黏土为宜。

（2）稻田的改造 稻田养虾以 20～50 亩为 1 个单元，数个单元组合成连片的养殖区。为防止淡水小龙虾打洞逃逸，每个单元的稻田主田埂要加高、加宽和加固，田埂的高度一般为 50～80 厘米、宽为 50 厘米，田埂基部加宽到 1～1.5 米。

（3）进、排水系统 要求稻田的进、排水口有防逃设施，防止进水或排水时淡水小龙虾逃逸。养虾稻田的排水口设置在进水口相对的另一侧田埂上，注水时田内的水流均匀、通畅，水体交换的效果较好。进、排水口的宽度由田块大小及进、排水量决定，一般进水口宽为 30～50 厘米，排水口宽为 50～80 厘米。为防止淡水小龙虾在雨季或夜间逃逸，可在承包稻田的四周用石棉瓦构建防逃设施。

（4）虾沟 虾沟的早期形式，是由环边沟、田间沟及暂养小池组成。这种类型比较适合鱼类养殖，用于淡水小龙虾养殖时必须加以修正和改造。由于稻田中的田间沟和暂养小池主要用于淡水小龙虾的苗种繁殖，对养殖产量提高的作用不明显，同时，考虑到田间沟和暂养小池不利于机械化作业，故目前的虾稻共作取消了田间沟和暂养小池，改为宽 20 厘米、深 7～10 厘米的小水槽。水槽在水稻种植前 10 天开挖，而环沟是在水稻收割后的冬季开挖。在沿田埂内侧四周开挖宽 1.5～2 米的环形沟，深 80～100 厘米，环沟主要功能是用于虾苗繁殖或暂养，育成的虾苗在水稻收割后从环形沟进入大田生长，因此，大田是淡水小龙虾养殖的主要区域。环形沟占整个稻田面积的 5%～10%，缩减环形沟的宽度和减少开挖的土方，有利于水稻种植面积和产量的稳定。

2. 放苗前的池塘准备

（1）清沟消毒 虾苗或亲虾放养前的 10～15 天，对虾沟进行清沟消毒，沟中淤积处应予以疏浚，同时修复坍塌的沟坡。稻田的环沟用生石灰兑水化开全池泼洒，用量为 50～75 千克/亩，以杀灭野杂鱼类、敌害生物和病原菌等有害生物。1 周后稻田 pH 恢复正常值时即可进水，进水口要加装 60 目筛绢袋过滤进水，筛绢袋长度约为 1.5 米，长条形的过滤袋可增加过水面积，可防止网袋在注水时破裂。

（2）注水施肥　放苗前7～10天，往环沟里施入发酵后的农家肥或专用培养基，每亩用量为500～1 000千克，一次施足，以培育饵料生物，然后注水20～30厘米。

（3）水草种植　稻虾共生养殖模式中，一般还需在虾沟内种植轮叶黑藻、马来眼子菜等水生植物，为虾苗提供一个良好的栖息生长环境。但水草的密度不可太高，40%左右的覆盖率可确保环沟内的水流在排灌时更为畅通。大田中的水稻收割后必须先种植水草，水草的覆盖率为60%，以增加淡水小龙虾喜食的植物性饵料。水草种植时每一簇水草之间的距离为3米，呈点式分布，预留的空间可以防止局部区域水草密度过高而影响水体交换。

3. 水稻秧苗栽插与苗种放养

（1）水稻秧苗的栽插　水稻为中稻，生长期为4～5个月。可选用耐肥力强、茎秆坚硬、不易倒伏、抗病害、产量高的品种，同时，应尽量减少水稻生长期间的施肥和农药喷施的次数。水稻田通常在5月翻耕，6月中、下旬开始栽插。秧苗先在秧畦中育成大苗后，再移栽到大田中。移栽前的2～3天，要对秧苗普施1次高效农药，提前进行虫害预防。同时，在大田中开挖小水槽，水槽宽20厘米、深0.7厘米，水槽的间距为5～8米。水稻秧苗采用浅水移栽、宽行密株的栽插方法，并适当增加田埂内侧和环沟两旁的栽插密度，以发挥边际优势增加水稻产出。

（2）苗种放养　苗种可从当地收购，也可从外地购买，但以就近为原则。虾苗规格为150尾/千克，放养密度为0.6万～1万尾/亩，放养时间为5～6月。在放养淡水小龙虾时，要注意虾苗的活力，放养时要尽量做到一次放足，因为不同批次虾苗质量参差不齐，其中的死虾易对养殖水体造成污染。从外地购进的虾种因脱水时间较长，为减轻入水时的应激反应，可从沟中取水浇淋5～10分钟，待虾苗的鳃丝吸足水分后再放养。同时，稻田环沟中可套养少量的白鲢和花鲢。

4. 管理

（1）稻田管理　插秧前稻田要施足基肥，翻耕平整后开挖小水槽，此后注水5厘米进行插秧。秧田在拔秧移栽前，先喷施农药"锐劲特"杀灭病虫，以减轻移栽至大田后病虫害防治的压力。移栽后，前期保持5厘米的水位，促进分蘖和减少秧苗基部害虫，环沟上方可配置黑光灯诱杀害虫，同时，由农技植保员定期做好大田虫情调查，掌握稻田虫情的变化情况，将除虫次数减少至1～3次（一般需用药8次），除虫药以喷施生物农药为宜，喷药方法采用细喷雾，即重点治叶面害虫，禁用菊酯类和有机磷农药。

另外，为使虾苗能够正常生长与觅食，要及时调控稻田的水位，秧苗阶段田面应保持 5～10 厘米的水深，烤田时采取短时间降水轻烤，水位自然收干至田面露出水面即可。

（2）虾苗的饲养管理　水位管理：烤田前稻田的水位控制在 5 厘米左右，幼穗分化期至水稻成熟期的水位保持在 15 厘米，幼穗分化期时保持在 30 厘米。每天早晚 2 次巡塘，检查防逃设施是否完好，一旦发现损坏应及时修补。同时观察水质变化和虾的活动情况，如有成虾上岸应及时查明原因。按照不同季节和虾的不同生长发育阶段，选择不同的饵料组合。3～4 月虾的个体较小，捕食能力不强，投喂的饵料应以颗粒饲料为主，辅以冰鲜小鱼、小虾等，并采取少量多次的投喂方法。稻田养虾饲料投喂以 5～6 月为主，虾稻共作期一般只作少量补充投喂。每天用青糠、麸皮、豆粕与鱼、鸡、鸭屠宰时废弃的下脚料配制廉价饵料，饲料投喂做到定时、定量、定质和多点投喂，并根据天气、水质和虾的吃食及活动情况灵活调节。7～9 月是高温季节，投喂的饲料以植物性饵料为主，适量搭配一些动物性饵料。此时，应多投喂水草、南瓜等青饲料，水草不足时应及时补充。

5. 效益分析　稻田养殖淡水小龙虾的亩产量一般可达 100 千克左右，水稻的亩产量为 450 千克左右，若降低环沟面积，可使水稻的亩产量保持在 500 千克以上。稻田中套养的花、白鲢为额外收益。稻田养虾平均亩产值 4 000 多元，除去亩成本 2 000 多元，可实现亩收益 2 000 多元。

淡水小龙虾能适应低水位的生态环境，稻田中水位变化对其影响较小。稻田养殖淡水小龙虾具有投资少、见效快、操作简便的特点，在养殖过程中淡水小龙虾能捕食稻田中的部分害虫，降低稻田虫害的发生率，减少稻田的用药次数或不用药，可生产出低残留或无残留的稻谷。与池塘养殖相比，稻田养虾的成本低，养殖效果好，是一种值得大力推广的养殖模式。

第二节　稻田养殖淡水小龙虾的技术进步

湖北省是我国稻田养殖淡水小龙虾面积最大的省份，其养殖模式从虾稻连作发展至虾稻共作，使淡水小龙虾成为全年均可在稻田中养殖的品种，因此养殖效益有了较大的提高。国内的其他省份在近年也加快了稻田养殖淡水小龙虾的步伐，养殖面积正在逐年扩大，养殖模式也层出不穷。江苏省的底栖饵料生物培养技术和高秆稻与淡水小龙虾共作技术，为稻田养殖产业的发展作出了重要的贡献。

一、湖北省虾稻田养殖新技术

淡水小龙虾是湖北省重要的水产经济种类和养殖对象，也是湖北省水产业出口创汇的主导品种。2005年，湖北省率先推出了"淡水小龙虾与中稻连作"技术，使湖北省的淡水小龙虾养殖跃上了一个新的台阶，在全国也引起了很大的反响。

"虾稻连作"是一种生态养殖模式，稻田中淡水小龙虾单产可达80～100千克/亩，稻田产值可达3 000～5 000元/亩。但随着消费者对淡水小龙虾品质要求的提高，大规格优质成虾的市场需求量不断增大，原有的"虾稻连作"模式由于养成的商品虾规格偏小已不能满足市场的要求，特别是"虾稻连作"采用种一季稻，养一季虾模式，养殖周期较短，淡水小龙虾亩产较低，规格也偏小。为了充分利用湖北省稻田的资源优势，推动淡水小龙虾养殖产业的技术进步，经多年的不断改进，湖北省虾农在"虾稻连作"的基础上，推出了稻田养虾新模式。该模式是在稻田中种一季中稻、养两季虾，其中一季为虾稻连作，另一季为虾稻共作，淡水小龙虾单产一般在100千克/亩以上，最高可达160千克/亩，且中稻仍能保持较高的产量。新型的养殖模式使淡水小龙虾的生长周期延长，不仅产量有所提高，养成的商品虾规格也明显增大。按2013年价格30元/千克计，每亩稻田可盈利2 000元以上，效益增长明显。

1. 湖北省的稻田养虾模式　湖北省的"一季稻、两季虾"生产模式所采用的技术路线，是在每年的7月底至8月底向环沟内投放淡水小龙虾亲虾，或9～10月投放人工繁殖的虾苗（1厘米虾苗），翌年的4月上旬至5月下旬收获一部分成虾。6月底整田、插秧，整田前将达到规格的成虾捕捞上市，未达到规格的幼虾留在稻田沟中养殖（图4-9）。中稻插秧后补充投放2～5厘米幼虾，补充投放量为捕捞成虾量的1/3～1/5，一般不少于30千克/亩。8月底前可提前结束捕捞，留下部分成虾用作亲虾进行繁殖。或在中稻收割开始前，补充投放规格为35～50g的亲虾10～20千克/亩，雌雄比为（2～3）∶1，按此方式进行种养结合，可形成在同一块稻田中收获一季稻和两季虾。概括地说，就是"夏秋放种（苗），春季补苗，捕大留小，轮捕轮放"。

（1）稻田选择与改造　养虾稻田应选择生态环境良好，水源充足无污染，水质符合国家淡水养殖用水标准，要求田块平整，保水性能好，排灌方便，汛期不涝。养殖区的交通要便捷，以利物资和产品运输。稻田养殖区的面积以50～100亩为1个单元，集中连片，以便于进、排水系统的规划和管理。

图4-9　稻田养虾

养虾稻田要沿稻田田埂内缘开挖环形沟，沟宽2～3米、沟深1.0～1.2米，主要用于淡水小龙虾繁殖、栖息和种苗的暂养。利用开挖环形沟挖出的泥土加高、加宽、加固四周田埂。田埂应高于田面0.5～0.6米，以确保大田的水位能达到0.3米。田埂面宽2～3米，可防止淡水小龙虾掘穿田埂造成漏水和虾苗逃逸。采用高密度稻田养殖时，田埂面内缘四周还应设置防逃网，防逃网高出地面30～40厘米，可用石棉瓦、塑料膜等材料制作。环形沟与田埂之间有1米宽的平台，便于观察、投饵等操作。环形沟的四边均有水泥涵管，涵管上方覆泥构筑道路便于机械及人员通过，涵管的功能是沟通环沟的水流，同时也是虾的通道。此外，环形沟上可安置太阳能诱虫灯或电能诱虫灯，既能消灭害虫，又可为淡水小龙虾提供动物性饵料。稻田中的害虫在淡水小龙虾捕食和诱虫灯的双重作用下，虫害发生率较低，因此种稻期间不需要喷施农药，所生产的稻米为无公害绿色食品，加工成的"虾稻米"价格是普通稻米的3～10倍。

此外，稻田的进、排水系统必须满足高灌低排的要求，并可使环沟内的水体形成自循环，为淡水小龙虾的生长提供良好的生态条件。

（2）种草　水草在虾苗放养前的冬、春季种植，种植区域为环形沟和大田，水草可以为淡水小龙虾提供植物性饵料及蜕壳的栖息地，是稻田养虾重要的生产环节。水草种植面积应不小于环形沟和田面的1/3，可以种植菹草（麦黄草）或其他水草如伊乐藻、轮叶黑藻、苦草和金鱼藻等，但不同的水草有不同的养护技术，养殖户可根据养殖的需要进行选择性种植。环形沟种植水花生等漂浮植物，水花生用竹竿固定在环形沟底部，使其能够在沟内成直线分布，并防止其被风吹至大田中疯长后与稻谷争抢肥源。水花生具有净化水质、遮阴的功能，同时，也是淡水小龙虾虾苗蜕壳时理想的隐蔽场所，可减少虾苗间的自相残杀，有利虾苗成活率的提高。

（3）防逃和防敌害　淡水小龙虾攀爬能力较强，养虾稻田的进、排水口和四周田埂上应设防逃围栏，防止淡水小龙虾逃逸。进、排水口的防逃网应采用40目以上的网片，并增大过水面积，以防堵塞或被冲垮。

淡水小龙虾的敌害较多，各种水鸟、凶猛鱼类、龟鳖类、水老鼠及水蛇类都可能危及淡水小龙虾的生命，因此，稻田养虾要注意防控敌害。对于凶猛鱼类，除苗种放养前采用生石灰除野外，在养殖过程中加水要用40目以上的密网过滤，防止敌害进入。对于鳖、老鼠及水蛇，除采用防逃围栏拦截外，还应定期巡查，及时清除；水鸟是淡水小龙虾的天敌，可采用拉线防鸟、人工驱赶或采用稻草人驱赶。

（4）种苗投放　"一季虾、两季稻"生产模式的种苗投放有两种方式，一是在8月底至9月初停止捕捞，留下的成虾供虾苗繁殖用。或在中稻收割前向稻田环形沟中投放亲虾，亩投放量为10～20千克，雌雄比为2∶1或3∶1，亲虾规格35～50g/尾；二是中稻收割后投放幼虾（图4-10），亩投放量为0.2万～0.3万尾。投放幼虾的效果优于投亲虾。无论是放放虾苗还是投

图4-10　虾苗放养

放亲虾，投放时间越早，养殖效果就越好。如果苗种投放在10月以后，将错失淡水小龙虾的繁苗高峰期，苗种数量不足将影响养殖效果。除了夏（秋）季种（苗）要一次性放足外，本项养殖模式采取在4月上旬至6月下旬捕捞成虾，同时补充投放幼虾的养殖方式，所增放幼虾的数量为捕捞成虾量的1/5～1/3，幼虾增放量不少于30千克/亩。在中稻播种或插秧期可短暂停止放苗，以避免淡水小龙虾对刚栽插的秧苗造成损害。

（5）投饵　稻田中的杂草、水草、浮游生物、小型水生动物及还田的稻草等有机物均是淡水小龙虾的天然饵料，养殖过程中还应补充投喂水草、腐熟的农家肥、麦麸、饼粕、豆渣及人工配合饲料（图4-11）。饲料投喂要求做到

"三定"，即"定时、定量、定质"。前期（苗期）主要以腐熟的农家肥肥水和投喂人工饲料为主，中、后期主要投喂水草、麦麸、饼粕、豆渣和人工配合饲料。成虾养殖阶段，每月投喂 1 次水草，投喂量为 100 千克/亩；动物性饵料每周投喂 2 次，每次为3～5 千克/亩；农副产品和人工配合饲料每天投喂 1 次，投喂量约为虾总体重的 1%～3%，均在傍晚

图 4-11　专用的颗粒饲料

投喂。投喂淡水小龙虾专用配合饲料的养殖效果优于普通粉状料，虾体不但含肉率高、个体大，而且品量好，但养殖成本较高。

（6）水质管理　高密度养殖条件下，良好的水质才能确保淡水小龙虾有较高的成活率，要求水中溶解氧≥4 毫克/升，pH 7.5～8.5，适宜水温 15～28℃。除苗期外，透明度以 30～50 厘米为宜，其他水质指标应符合国家《渔业水质标准》和国家《无公害食品 淡水养殖用水标准》。在整个养殖阶段，若能让稻田循环沟中的水循环流动起来，对改善水环境具有重要的作用，良好的水质是提高产量和质量的重要保证。控制水质的方法是"保持水位，经常补水，种好水草，加强巡检"。

（7）适时捕捞　淡水小龙虾有掘穴习性，当夏季水温过高、冬季水温过低或繁殖期，常掘洞穴居，尤其是交配产卵后的淡水小龙虾体重会减轻、品质及成活率会下降，因此，适时捕捞是增产增收的重要措施。适时捕捞是指及时起捕达到规格的成虾，腾出空间让幼虾快速生长。在稻田中开展"一季虾、两季稻"生产模式的捕捞高峰期是 4 月初至 6 月初，捕捞工具主要是地笼。地笼的形状有多种，中国的地笼多为长条形，呈卧式；美国的地笼多为圆柱形，呈立式。两种地笼的捕捞原理相同，但立式地笼更适合在浅水区捕捞，且更加灵活方便，不过捕捞效率不如中国的长条式地笼，养殖户可根据需要选用。适当放大地笼网眼，可实现捕大留小，但地笼网眼以 1.5 厘米以下为宜，可捕捞规格为 25 克以上的商品虾，小虾可从大网眼中逃出地笼，此法可避免小虾苗被起捕后再回放时引起的应激反应。但网眼也不能太大，否则中规格虾会被网眼刺住而损坏地笼的网片，不利于捕虾效率的提高。此外，在捕捞方法上应注意以下几点：

①捕大放（留）小，轮捕轮放。在捕捞的同时，补充投放 3～5 厘米的幼虾，补充量为捕捞量的 1/5～1/3。

②地笼内投放诱饵，可有效增加捕捞量，常用的诱饵有小杂鱼、小虾、饼粕、土豆和人工配合饲料；一般腥味越重的诱饵，诱捕效果越好。

③捕捞时要及时倒笼起虾，防止虾进笼时间过长或过于拥挤造成局部缺氧死亡。为避免上述情况的发生，可将部分集虾袋平置水面或露出水面，当集虾袋内出现局部缺氧时，淡水小龙虾可直接呼吸空中的氧气。

④为了提高捕捞效率，可每隔 3～5 天变换 1 次地笼的布设位置。

2. 实施稻田养虾连续生产模式时应避免的误区　目前，在淡水小龙虾养殖领域有很多错误的说法，以下是几点比较常见的误区：

（1）误区一　"淡水小龙虾一年产卵两次或多次"。

淡水小龙虾是一种全年都有个体产卵的虾类，但并不代表同一只虾可在不同时期多次产卵，准确地说，淡水小龙虾一年通常只产卵 1 次，秋、冬季是繁殖产卵的高峰期。养殖户受"淡水小龙虾一年可两次或多次产卵"错误观念的影响，在 11 月或上半年 3～4 月向养殖水体投放亲虾进行繁殖，结果是虾苗数量少，产量难以提高。10 月后有相当数量的淡水小龙虾已完成了产卵，投放的亲虾错过了亲虾繁苗高峰期，繁育的虾苗数量十分有限，不利于增产。同时，这些繁殖过的亲虾体质差，绝大多数在繁殖过后会因蜕壳不遂而死亡，因此，晚放亲虾得不偿失。

（2）误区二　"为了提高淡水小龙虾的养殖产量，稻田环形沟可放宽到 8 米以上"。

淡水小龙虾是底栖爬行种类，实际上淡水小龙虾产量高低的决定因素不是水体容积，而是其活动空间。提高稻田养殖淡水小龙虾的产量并不是加宽环形沟就能实现的，除了养殖技术以外，对养殖产量有较大影响的是稻田面积，加宽环形沟并没有增加稻田养殖的面积，因而并不能增加淡水小龙虾的产量，相反加宽了环形沟致使水稻种植面积减少，对稻谷产量的影响较大。"一季稻、两季虾"生产模式最大的优点，就在于该模式能够在稳定粮食产量的基础上增加淡水小龙虾的产出，使稻田的生产潜力和经济效益得到了充分的发掘，不但可使养殖户受益，而且也有利于国家粮食安全与保障。

（3）误区三　"养虾要浅水"。

我国水产界深受传统养殖观念的影响，长期存在着"深水养鱼，浅水养虾"的错误理念，其实养鱼要深水，养虾的水也不能太浅。淡水小龙虾白天在深水处躲藏，晚上在浅水处活动、摄食、蜕壳，因此，养殖淡水小龙虾的水体要有深有浅，稻田环形沟是深水区，田面是浅水区，因而特别适合淡水小龙虾的生长。如果稻田不开挖环沟，养殖区的水位较浅，白天水温上升快，水温过高会促使淡水小龙虾转变为生长较慢的红壳虾，导致商品虾养成规格偏小，成活率降低。水温过高还将导致淡水小龙虾的饵料系数升高，商品虾的品质量下降。但环沟也不能太深，过深的环沟底部水体难以流动，水草也不易种植，因此呈缺氧状态及生态不佳的环沟同样不适合虾苗的栖息与生长。

"一季稻、两季虾"生产模式是"虾稻连作"技术的继承、创新和发展，其精髓是"夏秋放种（苗），春季补苗，捕大放小，轮捕轮放"。牢牢抓住上述关键技术环节，就能获得较好的经济效益。

二、培养基技术在江苏省虾稻连作模式中的应用

虾稻连作，是指 10 月中旬或 11 月初水稻收割结束后稻田的空闲期在稻田中养殖淡水小龙虾，养殖期为 11 月至翌年 6 月中、下旬，待捕捞结束后稻田再次转为水稻种植，稻田中不再投放虾苗。因此，虾稻连作模式在 7~10 月工作重心转向水稻种植，而不是淡水小龙虾养殖。虾稻连作模式与虾稻共作模式在水稻种植前采用相同的养殖方式，虽然下半年不再投放虾苗，但在水稻种植期间虾沟中仍为下一茬养殖预留了虾苗和亲虾，因此，在喷施农药时仍要选择低毒的生物农药和残留期较短的农药，以免产生药害。

1. 水源　虾稻连作对水源的要求与虾稻共作相同，除了水资源充沛以外，要求取水的河沟或渠道沿岸及周边水稻种植区同时推广虾稻连作模式，以免虾稻连作区的水源受到杀虫剂如敌杀死等农药的污染。同时，河道中不应有工业污水排放口，以防止水源受到重金属和化工污染。

2. 稻田设计　虾稻连作模式的稻田工程设计与虾稻共作模式有一定的相似之处，养虾的稻田仍以 20 亩为 1 个单元，组成 500 亩以上的虾稻连作区（图 4-12）。连作区四周有一条宽度不小于 1.5 米、高 0.5 米的土埂或乡村小道。该道路的设置可以起到防止淡水小龙虾打洞逃逸的作用，因此道路必须夯实。在稻田靠近水源的一侧开挖 1 条宽 1.5~2 米、深 0.5~0.8 米的虾沟，坡比为 1：2.5，挖出的泥土在虾沟边垒一高 0.3 米的小土埂，以便于大田水位的控制和调节。为防止水稻种植期虾苗进入大田，同时，也为了防止大田中的农药流入虾沟中对虾苗造成毒害，需在虾沟与大田相连的一侧构建围栏，围栏

的材料为硬塑料片。

考虑到虾稻连作模式的水稻种植期大田中不养殖淡水小龙虾，因此，在稻田完成施肥、旋耕和平整后不再开挖小水槽，以减少虾稻连作的用工成本和劳动强度。稻田中虽然没有放养虾苗，但仍有少量残留的虾苗或亲虾存在，烤田时只能顺其自然，能够存活下来的个体可以在 8 月用地笼捕

图 4-12　稻田养殖淡水小龙虾

捞，捕获的商品虾可作为额外收益，也可将捕获的成虾或虾苗投放到虾沟中留作翌年的苗种。

3. 清除野杂鱼　虾稻连作的养虾期为水稻收割后的 10 月至翌年的 6 月，在水稻收割前需要在虾沟中放养亲虾进行虾苗繁殖，为防止虾苗被野杂鱼残食，在繁苗前用茶粕或清塘药物杀灭虾沟中的泥鳅、黄鳝或其他鱼类，茶粕的用量为 20～25 千克/亩，使用时先用水浸泡 2～3 天。将浸出液泼洒至沟中即可，清塘灵是最常用的杀鱼药物，每 8～10 亩只需 200 毫升，有使用成本低和杀鱼效果好的特点，可酌情使用。若沟中有较多的虾苗，则应适当降低用药量或改用茶粕清塘，以确保虾苗的安全。

4. 培养基投放　虾稻连作模式的培养基使用方法和使用量，与虾稻共作模式相同。水稻移栽前 7～10 天，传统的虾稻连作是在稻田中施入腐熟的猪粪、鸡粪或牛粪 500 千克/亩，为防止底质恶化和提高养殖效果，可将肥料改为经益生菌发酵的培养基，使用后底质更加稳定，有利于提高养殖产量和养殖效果。由于培养基的磷含量不足，需另加入过磷酸钙 15 千克/亩，以利于水草的快速生长。施用培养基后，用旋耕机将其旋耕至稻田的表层土中，可提高底栖饵料生物的培养效果。

5. 围栏　虾稻连作采用的是粗放式养殖方式，养殖密度较低，因此，稻田中一般不需要构建围栏，但在养殖区或承包区的外围需建立围栏。为防止水稻种植期虾沟中的虾苗或亲虾进入大田，在虾沟的小土埂外侧可建一简易围栏。围栏材料通常选用厚塑料或 20 目的网片，高度为 50～60 厘米，其中 20 厘米埋入土中，每隔 2 米用一竹桩固定。进、排水口最易发生虾苗逃逸事故，

必须用密网加以围拦。

6. 注水　水稻收割后稻田中留有较多的秸秆,向稻田注水后有利于秸秆的分解,同时春季稻茬根部还会萌发出再生芽,可作为虾苗的饵料。注水后,虾沟和大田中的水位均保持在20～30厘米,以利于水草的栽种与生长。为防止野杂鱼进入稻田中与虾苗争食,注水时应采用60目的筛绢过滤进水。

7. 种草　虾沟中的水草生长期较长,可混合种植冬、春季生长的伊乐藻与夏季生长的苦草,伊乐藻的栽插期为11月至翌年1月,苦草的播种期在2～3月。两种草的种植比例为:伊乐藻占70%～80%,苦草占20%～30%,水草的覆盖率为40%～60%。大田中的水草以伊乐藻为主(占90%),每间隔3～4米栽种一溜伊乐藻,每亩种植量为20～30千克。2月播撒拌泥后的苦草种子,每亩用量为50～150克。养殖期间,大田中的苦草被淡水小龙虾夹断后易腐烂,应及时捞除,不然污染水质后会引发虾病。

8. 苗种放养　虾稻连作与虾稻共作的苗种放养方式基本相同,若放养亲虾,可在8～9月向虾沟中投放体重30～35克的亲虾25～30千克/亩,雌雄比为(3～5)∶1;若放养虾苗,可在每年的3～5月向虾沟及大田中直接放养虾苗4 000～6 000尾/亩,规格为每500克70～200尾。若放养抱卵虾,可在10月将抱卵虾直接投放到虾沟中,放养量为每亩5～10千克。抱卵虾运输时应避免脱水,不然离水时间超过15分钟后,处于心跳期的胚胎将会窒息死亡,并导致孵苗率降低。

9. 田间管理　开展虾稻连作时,应根据不同的水稻品种,制订相应的田间管理方案。江苏省早稻在5月底前插秧才能获得较高的产量,而5～6月是淡水小龙虾的生长高峰期,5月插秧将使处于生长高峰期的淡水小龙虾被提前捕捞出售,不利于淡水小龙虾养殖产量的提高。因此,虾稻连作模式的水稻应选用在5月中、下旬播种,6月中、下旬或7月初插秧,10月底或11月初收割的中稻品种为宜,使所制订的田间管理方案兼顾中稻的生长特点和淡水小龙虾的生长特性(图4-13)。

图4-13　虾稻连作

7月至9月是亲虾放养的最佳时期。由于亲虾放养时水稻尚未收割，因此，亲虾通常放养在虾沟中。亲虾放养前，虾沟必须消毒并清除野杂鱼，同时，在沟中种植伊乐藻、苦草作为亲虾的隐蔽物和植物性饵料。亲虾放养后存在着死亡率高的缺陷，因此，在傍晚应适量投喂小杂鱼，以提高亲虾的营养水平和其抗应激能力，小杂鱼的投喂量控制在亲虾总体重的3%以内。

考虑到亲虾繁殖同步性差，部分个体的产卵可延迟至年底或翌年初，因此，放养的亲虾应推迟至翌年的4月起捕为宜，以提高亲虾的利用率。

江苏地区的天然虾苗捕捞高峰期在4月底至6月底，此时正是虾苗生长盛期，同时也正值稻田的空闲期。4月底将虾苗投放到虾沟和大田中养至6月初，部分个体已达到起捕规格，可以用地笼捕捞出售。6月中、下旬排干大田中的水，将余虾全部起捕，只留下小虾苗在虾沟中暂养，至此，虾稻连作中的淡水小龙虾养殖就此结束。下半年稻田中只种植水稻，不再放养虾苗。

在上半年养殖过程中，4月稻田中天然饵料十分丰富，因此可不投喂或少量投喂。5月投喂小杂鱼，投喂量控制在虾苗总体重的1%～2%。6月中旬不再投喂，让淡水小龙虾清除稻田中的水草。水稻种植后虽然稻田中未放养虾苗，但实际上稻田中仍有少量淡水小龙虾残留，由于密度较低，无需投喂，但沟内预留的虾苗可投喂少量小杂鱼或颗粒饲料，投喂量以第二次投喂前无明显剩饵为准。

水稻收割后，将部分秸秆粉碎后还田，并注水使之发酵肥田，同时将虾沟中的虾苗捕出放养至大田中，准备虾稻轮作的下一轮养殖。

10. 虾稻连作小结　首先对稻田进行规划，按照设计要求开挖宽1.5～2米、深0.5～0.8米的虾沟，虾沟与大田相接处和养殖区外围需设置围栏，围栏材料为硬塑料片，可防止水稻种植期虾沟中的虾苗进入大田或外逃，也能防止大田中的农药流入虾沟对虾苗造成危害，然后对大田进行清整和除害，每亩稻田施入500千克经过发酵处理的有机肥或是经益生菌发酵的培养基，并在虾沟和大田中种植伊乐藻、苦草等水草。亲虾在8～9月放养在水沟内，虾苗可在水稻收割后的10月下旬放养，也可在4～5月从虾沟中捕捞虾苗转放到大田中，密度为4 000～6 000尾/亩，规格为每500克60～80尾。虾苗经1～2个月的生长后，其中，已达到商品虾规格的个体可在5～6月起捕出售。虾苗捕捞结束后开始重新整理大田、补充有机肥、旋耕，于6月下旬或7月初浅水插秧，并进行正常的水稻管理。水稻种植期，稻田中只种稻不放虾苗，水稻收割前稻田中仍可捕到部分余留的商品虾，其中的一部分留作翌年的亲虾或苗种，一部分出售。水稻收割后留茬20厘米，同时注入河水20厘米培养饵料生物，为下一轮虾稻连作做好准备。

三、江苏省池塘中栽种高秆稻及养殖淡水小龙虾模式

（一）方法一：虾稻双丰收模式

1. 池塘要求 池塘可以有多种形状，但矩形池塘便于耕作和收割，开挖水沟时也有利于机械化作业。池塘面积为 10～20 亩，数口或数十口池塘连片组成淡水小龙虾与高秆水稻共作区，共作区统一规划进水和排水沟，以免受周边农田喷施农药的影响（图4-14）。池塘土质以壤土和黏土为宜，池埂需加固、加高和夯实，以保证池塘水位最深可达 60 厘米以上，坡比为（2～3）∶1，池底相对平

坦，池塘一侧或有"一"字沟或 L 形沟。将"一"字和"L"形沟称为"侧沟"，侧沟宽 2～3 米，面积占池塘总面积的 5%～10%，深度 0.3～0.5 米，考虑到高秆稻中后期的池水较深，因此，侧沟的深度较浅更有利于水草的生长。侧沟的主要作用是繁育虾苗和暂养虾苗，同时，也可以在水稻插秧

图4-14 高秆稻与淡水小龙虾共作

前的池底整理时，避免侧沟中的淡水小龙虾对刚栽插不久的水稻秧苗造成危害。每口池塘均建有独立的进、排水系统，以便调节池塘的水位。池塘之间互不串通或渗漏，使池塘中的水位能保持相对的稳定，同时，也可以防止淡水小龙虾随水流打洞逃逸。

2. 养殖前准备

（1）池塘清理 为防止池塘中的野杂鱼等敌害生物对放养的虾苗造成危害，年底必须清塘。常用的方法是，将生石灰加水乳化后泼洒在侧沟或池塘的积水处，生石灰用量为 120～150 克/米²。为提高对野杂鱼的杀灭效果，可在使用生石灰时加入茶粕 50 克/米²。如果环沟里虾苗数量较多，清塘时则应予以保留，此时可将生石灰清塘改为茶粕清塘，用量为 20～30 克/米²。为提高杀鱼效果，可在茶粕中加入 5% 的食碱共同浸泡，加水浸泡的时间为 2～3 天，取浸出液稀释 200 倍后泼洒，即可杀灭野杂鱼等敌害生物。

（2）施肥　清池后 1 周，排干池水，将池底曝晒 20～30 天，然后向池塘中投放经发酵的有机肥 200～500 千克/亩，淤泥多则少投，少则多投，新开挖的池塘应增加施肥量。但过量投放有机肥对池底生态有较大的影响，若改用专用培养基，使用效果将更好。投放肥料可以为水稻正常生长提供养分，同时，还能培育出底栖饵料生物和水生植物等天然饵料供淡水小龙虾摄食，以降低生产成本。肥料投放时应平铺于池底，然后用旋耕机将肥料旋耕至底泥中，深度为 10 厘米。

（3）围栏安装　养殖密度低于 6 000 尾/亩时可不设围栏，养殖密度超过 1 万尾/亩时必须设立围栏。围栏设置在池坡的最高水位线为宜，围栏高 70 厘米，其中 30 厘米埋入泥中，用竹桩固定，桩距为 2 米。围栏的材料可选用厚塑料薄膜，也可选用线径 0.5 厘米的聚乙烯网，网片上纲缝有 25～30 厘米宽的塑料薄膜。

（4）水草移栽　水草采用多品种混合种植的方式，主要的水草品种有伊乐藻、轮叶黑藻和苦草等。水草分两次栽种，第一次种草是在高秆稻收割后，首先是将池塘水位降低至 20 厘米，在池塘底部和侧沟栽种伊乐藻，每束伊乐藻的栽种间距为 2 米。2 月中旬栽种第二次水草，将轮叶黑藻芽苞和苦草种子播撒至侧沟中，种植方法与池塘养殖相同，几种水草混合种植，可使侧沟中全年均有水草覆盖。由于高秆稻为晚熟品种，生长期较长，如果提前插秧，不利于水草的生长，缺少水草对淡水小龙虾的养殖产量有较大的影响，因此，水草应尽可能早种。通过增加环沟、侧沟或田间沟面积，可使水草的种植面积得到提高，但高秆稻种植面积的减少将影响稻谷的产量。本模式减少了环沟的面积，增加了高秆稻的栽种面积，因此高秆稻的产量有所提高。

（5）水位控制　进水时须用 60 目的筛绢网布做成的网袋进行过滤，防止敌害生物、鱼类及其鱼卵进入。11 月初高秆稻收割后开始进水，水位 20 厘米左右，开春后仍保持低水位，4 月中旬前水位随着水草的生长而逐步加高，每次加水量以没过水草为宜。4 月底至 5 月初排干池水进行池底旋耕、平整和高秆水稻插秧，水稻插秧后水位仍保持在 10～15 厘米，以提高水温，促进水稻和虾苗的生长。后期随着水稻的长高，水位也随之提高至 30 厘米以上，此时的水位控制在中高水位，以满足高秆水稻生长的需要，同时，又可以减少夏季高温对虾苗的影响。由于高秆稻的分蘖属中等偏强型，在种植期间可不烤田。

3. 水稻栽种

（1）育秧 高秆稻宜在4月初播种育秧，播种前用1.5%的确灵500倍浸种24小时，并带药保温保湿催芽，可以旱田育秧、水田育秧或盆栽育秧（图4-15）。

高秆稻秧田播种量为5千克/亩，本田用种量为0.5千克/亩。泥浆塌谷后，用17.2%幼禾葆200克/亩兑水40～50千克，均匀喷洒秧板除草。在肥水管理上，基肥用含氮、磷、钾均为15%的复合肥10千克，二叶一心亩施尿素6千克，起身肥在插秧前3天使用，亩施尿素6千克。一叶一心期保持秧沟水，可用300毫克/升多效唑控高促蘖；

图4-15 灌浆期的高秆稻

二叶一心期灌水上秧板，期间做好匀苗；三叶期后保持浅水层促早发，病虫害以防为主（蓟马、稻飞虱、螟虫等）；秧苗移栽的适宜叶龄为4叶左右，秧龄30天左右。

（2）移植 高秆稻属大穗型品种，为充分发挥其大穗的生长优势，可将秧苗大田移栽的株间距扩大至50～60厘米，亩插900～1 000穴，每穴2株。栽种面积一般占整个池塘面积的1/3～1/2。

4. 苗种放养

（1）苗种放养方法 在前年的8～9月，提前将亲虾放养至侧沟中进行繁殖，亲虾的放养量为15～20千克/亩。水稻收割前虾苗和亲虾均暂养在侧沟中，等高秆稻秧苗返青后，将暂养沟内的虾苗移至大塘中养殖，3～4月可补充4 000尾/亩人工专池繁殖的虾苗。水稻插秧前虾苗在池塘中生长，4月底、5月初起捕前年放养的亲虾上市出售，捕获的小规格虾放养至侧沟中暂养，此时应加大捕捞强度，防止淡水小龙虾密度过高影响长势，并有可能对刚栽插的秧苗造成危害。水稻插秧10天后，可以从暂养沟中捕苗进行大塘放养和养殖。虾苗放养前沿池塘侧沟多点投放，避免局部水体中的虾苗密度过高。放养前，经长途运输的虾苗应用水浇淋5分钟，然后让虾苗在池坡上自行爬入水中，活动能力差的虾苗应予以淘汰。

（2）放养密度　每亩池塘放养规格为300～400尾/千克的虾苗4 000尾，或140～150尾/千克的幼虾6 000尾。

（3）田块放养　水稻移植1周后，可将环沟中的淡水小龙虾苗种移入水稻种植区。

5. 饲料投喂　投喂的饲料以配合饲料为主，要求粗蛋白含量在35%以上；有条件的可在前期适当投喂冰鲜小杂鱼，以提高养殖成活率，促进幼虾生长。投喂方法：每天投喂2次，6∶00～7∶00投喂日投喂总量的30%，17∶00～18∶00投喂70%，采取沿池埂边和浅水区多点投喂方式；日投喂量可按存塘虾总量的1%～3%估算，具体饲料投喂要根据水温、天气、水质、摄食情况和水草生长情况作出调整，饲料投喂后要勤检查，投喂的饲料以投喂后3小时内基本吃完为准。

6. 日常管理

（1）池水调控　池塘的水位通常是"前浅后满"、水质为"前肥后瘦"为原则，整个养殖过程一般不需要换水，仅要添加新水即可；池水透明度一般早期30厘米以上，中、后期40厘米以上；养殖期间每20天可使用1次微生物制剂，以改善水质。

（2）病害预防　高秆稻的间距是普通稻的2～3倍，由于水的阻隔，水稻的病害较轻，因此养殖期间无需使用治虫和除草的化学药物，但要注意养护池塘环沟中的水草，以满足淡水小龙虾对植物性饵料的需求。

（3）巡池　每天坚持多次巡池，检查水稻的生长情况，观察虾苗的活动、摄食和生长情况，并根据天气变化及时调整饲料投喂量，发现虾苗病害时以采用改良水质和底质的方法进行预防，同时做好生产记录。

7. 捕捞　经过60～70天的养殖，淡水小龙虾规格可达到40克/尾以上，此时应及时用地笼网诱捕。起捕的虾按规格包装出售，起捕的红体色硬壳中小规格虾同样应当出售，这种虾不但生长慢，且回放到养殖池塘中的成活率较低。淡水小龙虾捕捞通常在10月底高秆稻收割前结束。

8. 养殖产量　在不发生意外事故的情况下，在淡水小龙虾养殖池中种植高秆稻的亩产量为150～200千克，淡水小龙虾亩产量为70～100千克，平均规格40克/尾。

9. 适宜地区　本项技术适宜在长江中下游地区和淮河流域的淡水小龙虾主要养殖区推广应用。

（二）方法二：以提高淡水小龙虾养殖产量为主的模式

1. 池塘要求　池塘面积 10～20 亩，土质以壤土和黏土为宜，池埂坡比为 (2～3)：1，并适当加高，使池塘可达到 60 厘米以上的水位。要求池底相对平坦，四周有环沟，环沟面积占池塘总面积 30% 以上，深度 0.5 米。每个养殖单元有独立的进、排水系统，单元之间不渗漏。

2. 放养前的准备

（1）清池　前一个养殖周期结束后，需对池塘进行清野和消毒，清池药物以生石灰、茶籽饼为佳，每亩（1 米水深）使用量为：生石灰 75 千克＋茶粕 3 千克，全池泼洒杀灭有害生物。

（2）底质改良　清池后 1 周，排干池水，将池底曝晒至龟裂，用犁翻耕池底，再曝晒至表层泛白，使池底有机质充分氧化。为增加水稻产量，可根据池底淤泥的深度，调整施肥量，通常每亩施放经发酵的有机肥 150～200 千克，新塘口应增加施肥量，然后用旋耕机对池底进行旋耕，使肥料与底泥混合，随后开始注水和平整池底。

（3）防逃设施　高密度养殖可设置一道防逃围栏，防逃围栏通常设置在池坡的最高水位线处，围栏高 70 厘米，其中 30 厘米埋入泥中。每个养殖单元的防逃围栏选用网眼为 0.5 厘米的聚乙烯网片制作，上纲缝有 25 厘米宽的塑料薄膜，以防止淡水小龙虾在池埂上掘洞穴居，以提高成虾的回捕率。

（4）水草移栽　种植的水草应多样化，主要种植的水草品种有水花生、伊乐藻、轮叶黑藻和马来眼子菜等；水草只移栽在环沟中，呈点状分布，水草的覆盖率控制在 50% 左右。

（5）注水　注水时用 60 目的筛绢网布制成网袋进行过滤，防止敌害生物、鱼类及其卵进入。初次进水不宜过深，应根据种植水草要求进水，水草移栽后逐步加水，每次加水量以没过水草 20 厘米左右为佳。

3. 水稻栽种

（1）育秧　高秆稻播种期宜早不宜迟，一般在 3 月底至 4 月上旬育秧。育秧时用 1.5% 的确灵 500 倍浸种 24 小时，并带药保温保湿催芽，可以采用旱田育秧、水田育秧或盆栽育秧等方法。

高秆稻秧田的播种量为 5 千克/亩，本田用种量为 0.5 千克/亩左右。泥浆塌谷后，亩用 17.2% 幼禾葆 200 克兑水 40～50 千克，均匀喷洒秧板除草。在肥水管理上，基肥用含氮、磷、钾均为 15% 的复合肥 10 千克，秧苗长至二叶一心时亩施尿素 6 千克，起身肥在插秧前 3 天使用，亩施尿素 6 千克。一叶一心期保持秧沟水，可用 300 毫克/升多效唑控高促蘖；二叶一心期灌水上秧板，期间做好匀苗；三叶期后保持浅水层促早发，对蓟马、稻飞虱、螟虫等病虫要早防治；秧苗移栽的适宜叶龄为 4 叶左右，秧龄 30 天左右。

（2）移植　高秆稻属大穗型品种，群体较大。为充分发挥其大穗优势，可将大田移栽的秧苗株间距扩大至 50～60 厘米，亩插 900～1 000 穴，每穴 2 株。栽种面积一般占整个池塘面积的 1/3～1/2。

4. 苗种放养

（1）苗种放养方法　淡水小龙虾苗种以专池繁育的苗种为佳，放养时可沿池塘四周的环沟多点投放。

（2）放养密度　每亩池塘放养规格为 300～400 尾/千克的虾苗 4 000 尾，或放养规格为 140～150 尾/千克的幼虾 6 000 尾。

（3）田块放养　水稻移植 1 周后，可将环沟中的淡水小龙虾苗种移入水稻种植区。

5. 饲料投喂　饲料品种以配合饲料为主，要求粗蛋白含量在 35% 以上；在前期适当投喂冰鲜小杂鱼，可提高养殖成活率，促进幼虾生长。投喂方法：每天投喂 2 次，6:00～7:00 投喂量为日投量的 30%，17:00～18:00 投喂 70%，采取沿池埂边和浅水区多点投放；日投喂量：一般按存塘虾量的 1%～3% 估算，饲料投喂要根据水温、天气、水质、摄食情况和水草生长情况进行调整，饲料投喂后要勤检查，投喂量以喂料投喂后 3 小时内基本吃完为准。

6. 日常管理

（1）水位调控　池塘的水位通常是"前浅后满"、水质为"前肥后瘦"为原则，整个养殖过程一般不需要换水，仅要添加新水即可；池水透明度一般早期 30 厘米以上，中、后期 40 厘米以上；养殖期间每 20 天可使用 1 次微生物制剂，以改善水质。

（2）病害预防　高秆稻的株间距是普通稻的 2～3 倍，由于水的阻隔，水稻的病害较轻，因此养殖期间无需使用治虫和除草的化学药物，但要注意养护池中的水草，以满足淡水小龙虾对植物性食物的需求。

（3）巡池　每日坚持多次巡池，检查水稻的生长情况，观察虾苗的活动、摄食和生长情况，并根据天气变化及时调整饲料投喂量，发现虾苗病害时应采用改良水质和底质方法进行预防，同时做好生产记录。

7. 捕捞　经过 60～70 天的养殖，养殖的淡水小龙虾规格可达 40 克/尾以上，此时应及时用地笼网诱捕，直至 10 月捕捞结束。

8. 养殖产量　在不发生意外事故的情况下，淡水小龙虾养殖池中种植高秆稻的亩产量为 100～150 千克，淡水小龙虾亩产量为 100～150 千克，平均规格 40 克/尾。

9. 适宜地区　本项技术适宜在长江中下游地区和淮河流域的淡水小龙虾主要养殖区推广应用。

第 五 章
淡水小龙虾其他养殖模式

　　淡水小龙虾是一种对环境变化有较强适应能力的虾类品种，因此，可以与其他水产品种搭配成新的养殖模式，从而使养殖水域的生产潜力能够得到进一步的开发。

第一节　江苏省淡水小龙虾其他养殖模式

　　江苏省开展淡水小龙虾养殖的历史并不长，但养殖模式却不一而足，花样繁多，其中，包括不同生态位的养虾模式、与不同品种搭配养殖模式和与不同经济作物轮作模式等。

一、河沟养虾模式

　　河沟通常与湖泊、河流或池塘等水体相连，沟中有一定的水流量，水体溶氧量高、水中天然饵料十分丰富，非常适合淡水小龙虾的繁殖与生长。不同地区的河沟其水环境和地理条件存在着明显的差异，而适宜于淡水小龙虾养殖的河沟必须符合以下条件：

　　（1）河沟水位相对稳定，汛期水位不超过2.0米，枯水期水位不低于0.3米，养殖期水深可保持在0.6～1.2米（图5-1）。

　　（2）河沟内可栽种水草，沟底有丰富的底栖饵料生物。

图 5-1　河沟养虾

（3）河沟内不宜有太多的船只通行，以免损坏围栏。河道的宽度以不超过30米较为适宜，以便于在两个端口设置围栏。

（4）养殖期间河沟中无农药及化工污染。

1. 围栏设置 在沟的两端设置围栏，围栏高度为河沟最高水位的1.2～1.4倍，用竹桩固定，桩距为1.2～2.0米，围栏底纲与石垄相连，并将石垄埋入沟底30厘米以下的淤泥中，用竹楔子加固。围栏的网目太大易破损，网目过小易被藻类堵塞，通常以1.2厘米为宜。如果河道中有船舶往来，应在两端围栏的出入口用竹帘构建栅栏防逃。

2. 清除凶猛性野鱼 河沟与外界水体是相通的，其中小杂鱼较多，因此，首先应清除那些能够残食淡水小龙虾的大型凶猛鱼类，如鳜和黑鱼等。清除的方法是用鱼簖和地笼网捕捉，以降低野杂鱼的危害。

3. 水草移栽 河沟内种植水草不但可以作为淡水小龙虾的饵料，而且可以营造出良好的生态环境。水草的品种以伊乐藻、轮叶黑藻、金鱼藻、苦草和水花生为主，浅水区还可以少量种植茭白、空心菜（蕹菜）、水芹和藕等经济作物，以增加效益。

4. 虾苗和亲虾放养 河沟养殖的第一年需要向沟内投放淡水小龙虾虾苗，养成的成虾一部分用于出售，余下的少量个体可作为亲本繁育后代，第二年养殖无需再向沟内投放虾苗。

5. 饵料投喂 由于河沟中有大量的小型野杂鱼，其抢食能力极强，因此养殖过程中不宜投喂颗粒饲料。养殖密度较高时，可投喂少量小杂鱼、河蚌肉和动物内脏等廉价饵料；养殖密度低时则无需投喂，淡水小龙虾以沟中的水草和天然饵料为主要食物。

6. 管理 河沟养殖防逃是首要任务，尤其是两端围栏容易受损，应定期进行检查。夏季还需清理围栏网片上附着的藻类，以确保水流畅通。

7. 捕捞 河沟中的成虾用地笼捕捞即可。河沟养殖的成本较低，管理得当每亩河沟可产淡水小龙虾150千克以上，经济效益显著。

二、淡水小龙虾套养细鳞斜颌鲴模式

细鳞斜颌鲴，俗称沙姑子、黄皮。幼鱼期以浮游生物为食，成鱼阶段以其发达的下颌角质边缘刮取水底着生藻类、有机碎屑、腐殖质、底栖生物及高等水生植物枝叶为食。细鳞斜颌鲴病害少、易捕捞，与淡水小龙虾混养时不存在食物竞争和栖息地之争，套养细鳞斜颌鲴还可起到清除残饵、防止池底污染的作用，两者之间互利共生，相得益彰。

1. 池塘条件 要求池塘有充足的水源，水质无污染。池塘面积 10～20 亩，水深 1.5 米，坡比 1：2.5。池塘四周用高 60 厘米的钙塑板构建围栏，拐角处呈弧形，以利防逃。

2. 清塘消毒 1 月中旬排干池水，冻晒 25～30 天；2 月中旬注水 10～15 厘米，并用 75 千克/亩生石灰全池泼洒。

3. 培肥水质 消毒 10 天后向池塘内注水 70～80 厘米，用 60 目筛绢过滤，以防敌害生物进入。池中投放 200～300 千克/亩发酵牛粪或猪粪肥水，为鱼苗、虾苗种下塘提供适口的天然饵料。

4. 移栽水草 为给淡水小龙虾提供栖息的隐蔽物，2 月初开始移栽伊乐藻，栽种面积占池塘总面积的 2/5 左右。

5. 鱼种放养 3 月初放养规格为 0.25 千克/尾的鲢 50～60 尾/亩、规格为 0.3 千克/尾的鳙 15～20 尾/亩，3 月中旬放养规格为 8～10 厘米的细鳞斜颌 200～250 尾/亩，鱼种放养前用 3%～4% 的食盐水浸洗消毒 10 分钟。

6. 虾苗放养 3 月下旬放养体质健壮的虾苗 35 千克/亩，规格为 3～5 厘米，放苗前用池水淋 5～10 分钟后再放入池塘中，可降低虾苗的应急反应。

7. 饵料投喂

（1）培养天然饵料 苗种放养后，可根据水质状况确定追肥的时间和用量，追肥以投放生物有机肥为宜，每亩用量为 10～20 千克。

（2）饲料投喂 前期以小杂鱼为主，投喂量为虾总体重的 3%～4%；5～8 月增加投喂麸皮、豆饼及青绿饲料，适当补充动物性饵料，投喂量为 3% 左右；淡水小龙虾越冬期不投饵，水温达到 10℃ 以上时即开始投喂，上、下午的投喂量按 2：3 分配，天气晴好和鱼虾活动正常时多投喂，反之则少投喂。

8. 水质调控 水的透明度始终保持在 25～40 厘米，定期使用微生物制剂调控水质，高温季节每 7 天左右换水 1 次，使水质保持"肥、活、嫩、爽"。

9. 鱼病防治 坚持以防为主的方针，在整个养殖期每月用生石灰 1 次，每次 5 千克/亩。必要时可泼洒氯制剂消毒，1 米水深的用量为 100～150 克/亩。

10. 日常管理 每天早晚各巡塘 1 次，发现异常情况应及时采取措施。细鳞斜颌鲴有不耐低氧的特点，在高温季节应开启增氧机，确保溶氧不低于 4 毫克/升。每天观察水生植物的生长情况，水草长出水面时应及时刈割，以防止烂草情况的发生。同时，定期清除池边杂草和捞取水中杂物，使池塘的池坡和水面保持整洁。

11. 捕捞　从 6 月初开始用地笼起捕体重 30 克/只以上的淡水小龙虾，捕大留小。10～12 月分批捕捞细鳞斜颌鲴，将达到 425 克/尾以上规格的细鳞斜颌鲴上市销售。

12. 注意事项　虾池中套养的细鳞斜颌鲴数量控制在 200～250 尾/亩为宜，在养殖初期可起到控制青苔数量的作用。

套养细鳞斜颌鲴一般不需另行增加投饲量，但随着鱼体的长大，后期可适当投喂一些米糠、麸皮和饼粕类等作为补充饲料，投喂时间为 9：00 左右，投喂量为池鱼存塘量的 2%～3%。

该模式可产淡水小龙虾 100 千克/亩左右、细鳞斜颌鲴 90～100 千克/亩、花白鲢 100 千克/亩左右，使养殖效益比单养淡水小龙虾有所提高。

三、蟹池套养淡水小龙虾

河蟹池中套养淡水小龙虾有较高的养殖风险，尤其是淡水小龙虾对蜕壳蟹的残杀，会严重影响河蟹的成活率和养殖产量。但加大对淡水小龙虾的捕捞量，可降低河蟹养殖的风险。

1. 水草种植　首先要求河蟹养殖提前至 11 月完成水草种植，使水草提前扎根发芽和生长；其次是适当增加水草的种植密度，每簇水草的间距为 1 米，行距为 2 米。

水草品种以伊乐藻、轮叶黑藻和苦草为主。种植方法：伊乐藻在 11 月种植，轮叶黑藻与苦草分别在 2 月播撒芽苞和种子，轮叶黑藻芽苞的用量为 5 千克/亩，苦草种子的用量为 150 克/亩，播种时以 1：20 的比例，将苦草种子与泥土混合后全池遍撒。

2. 苗种放养　扣蟹的放养量为 800～1 000 只/亩，规格为 100～150 只/千克为宜。淡水小龙虾虾苗以在池塘中自然繁育的个体为主，其密度为 2 000～4 000 尾/亩。如果蟹池中前年已捕获过淡水小龙虾，翌年可不再增放虾苗，因为残留的虾苗或亲虾密度通常已达到了应放养的苗种数量。

3. 捕捞　4～6 月应加强对淡水小龙虾的捕捞，并在 6 月底之前将淡水小龙虾全部起捕出售，以防止下半年池中残留的淡水小龙虾对蜕壳的河蟹造成严重的危害。按此模式养殖，一般当年可收获河蟹 40～50 千克/亩、淡水小龙虾 50～100 千克/亩。

4. 注意事项　蟹池套养淡水小龙虾，应防止淡水小龙虾对水草的破坏，尤其当池中余留亲虾过多时，翌年水草在发芽期将被大量残食，对河蟹的养殖有较大的影响。因此，能否在5～6月起捕90％以上的淡水小龙虾，是决定虾蟹套养能否成功的关键。

蟹池中套养淡水小龙虾不应片面追求产量，淡水小龙虾的亩产量一般控制在100千克以下为宜。过高的淡水小龙虾放养密度，不但会降低河蟹的成活率，而且极易破坏养殖生态平衡，最终导致虾蟹养殖失败，故推广河蟹与淡水小龙虾套养模式风险较大，应当慎行。

四、水芹田养殖淡水小龙虾

水芹种植与淡水小龙虾养殖相结合，是目前比较成功的养殖模式。水芹一般在8月下旬开始种植，于翌年3月前收割，淡水小龙虾的生长期为3～8月，其中的4～6月是淡水小龙虾的最佳生长阶段，有利于养殖产量的提高。水芹田里有丰富的有机质和底栖饵料生物，因此养殖期间只需少量投喂，养殖成本低，养殖产量和效益较高。

水芹田养殖淡水小龙虾需要加固田埂，并在埂上建立围栏。田内水位控制在20厘米左右，清塘消毒和种草后视虾苗和水草的生长情况，逐步加高水位至30～40厘米。3～5月每亩放养规格为5～15克的虾苗0.6万～1万尾，并按照池塘养殖模式进行投饵和管理，淡水小龙虾的产量可达150～200千克，水芹的亩产为3 000～5 000千克，经济效益十分显著。

五、藕田套养淡水小龙虾

藕田里放养鱼类或青虾，已成为一种十分普遍的养殖方式。因此，近年来有农户尝试着在藕田中套养淡水小龙虾（图5-2），其具体做法是：①加高、加宽和加固田埂，藕田的坡比为1∶（1.5～2.0）；②在藕田两端开挖2条虾沟，沟宽2～3米、深0.5～0.8米；③虾苗放养10天前，先用生石灰清田，用量为100千克/亩；④3～5月放养规格为5～15克的虾苗0.6万尾/亩（翌年养殖无需再放养虾苗）；⑤藕田里野杂鱼较多，投喂的饲料多被野杂鱼所抢食，因此一般采用粗放的养殖模式，可不投喂或少量投喂小杂鱼；⑥养殖期间水位控制在0.3～1.0米；⑦藕田的捕捞效率较低，因此，应将地笼网置于虾沟中，并在地笼内放置小杂鱼进行诱捕。

藕田养殖淡水小龙虾，应以低密度养殖为主，其原因是藕田中放养的淡水小龙虾回捕率较低，余留的成虾在翌年会啃食萌发的藕芽，尤其是放苗量过高的藕田，藕的产量会因此而下降，不利于藕田整体效益的提高。其次是藕叶长虫时不应喷施剧毒的杀虫剂，否则会对淡水小龙虾造成毒害。除此之外，藕田淤泥较深，夏季池底易缺氧，因此养殖水位不可太深。综上所述，藕田养殖淡水小龙虾应以

图 5-2　藕田套养淡水小龙虾

低密度套养为主，不可片面追求高产，将藕田的淡水小龙虾产量控制在 20～50 千克/亩比较适宜。

六、虾麦连作

10 月底至 11 月初是小麦播种期，5 月底小麦收割后，在麦田靠近水源一侧开挖暂养沟，沟宽 1.5～2 米、深 0.8 米。种麦期间沟内留水 20 厘米种植伊乐藻和苦草，当麦子收割后可将部分水草移栽至麦田中生长。6 月就近收购鱼池或河沟中的虾苗，并暂养于麦田的暂养沟内，放养量为 0.6 万尾。麦田养虾的水位一般控制在 30～60 厘米，饲料以豆粕、小鱼、水草和颗粒饲料为主，管理方法与稻田养殖基本相同。7～10 月用虾笼和地笼进行连续捕捞，捕大留小，并适量补充放养小虾苗以提高养殖产量。10 月底前将麦田中的淡水小龙虾全部起捕，预留15～20 千克的亲虾在虾沟中交配繁殖，为翌年准备苗种。麦田清整后便可播种麦子，麦虾连作就此进入下一轮回（图5-3）。由于麦田中有大量的有

图 5-3　虾麦连作

机质和底栖饵料生物，养殖期间只需少量投喂，养殖成本较低，每亩可产虾100～150千克。

七、虾与油菜连作

油菜在10月下旬播种，翌年5月底收割，应选种生育期较短的湘油15号等品种为宜。在油菜田邻近水源一侧，开挖1条与麦田养虾相同的暂养沟，暂养沟有利于油菜田排渍，同时可作油菜收割后虾苗的暂养沟。油菜种植期间不应过多喷施除草剂，以利于后期的水草种植。油菜在5月底收割后即可注水和种植水草，水草以轮叶黑藻、苦草及伊乐藻为主，水草覆盖率为60%。6～7月放养虾苗，每亩放养量为0.6万～1万尾。水草的种植方法、水位控制、饲养管理和捕捞方式与麦田养虾模式相同（图5-4）。油菜田有机质丰富，养殖条件适宜，因此每亩可产虾120～150千克左右。

图5-4 虾与油菜连作

八、圩滩地养殖淡水小龙虾模式

圩滩地紧邻湖区，具有优越的自然环境与丰富的天然饵料生物资源，在上述水域中养殖淡水小龙虾，不但可以生产出优质的商品虾，而且有较高的苗种自给率。因此，圩滩地养殖是一种投资少、管理成本低、收益高的原生态养殖模式。

1. 水域环境要求 养殖淡水小龙虾的圩滩地要求水面开阔，枯水期不干涸，最低水位能稳定在0.2米以上，汛期水位不超过1.5米。圩滩地周边地区无化工和农业面源污染，水域中有较丰富的水生植被和底栖饵料生物。封闭式的圩滩地要求涝能排、旱能灌，进、排水口可建设机灌站，以提高抗灾能力。

在养虾的圩滩地，可根据水位的深浅开挖虾沟，其面积占整个圩滩地的

30%（图5-5）。虾沟主要用作冬春季枯水期苗种、鱼种的暂养，夏季可供淡水小龙虾躲避高温，秋季可供其繁殖和栖息。

由于淡水小龙虾有迁徙和夜间觅食的行为，因此，在养殖区域要设置防逃设施，尤其是进、排水口需安装防逃栅拦等设施。

图 5-5 圩滩地养殖淡水小龙虾

2. 苗种放养前的准备

（1）清除敌害 圩滩地有较多的野生鱼类，其中的黑鱼、鲤、草鱼等鱼类可对淡水小龙虾虾苗和软壳虾造成较大的危害，同时，鱼类的竞食行为对淡水小龙虾的生长和养殖产量的提高有较大的影响。因此，在圩滩地养殖淡水小龙虾必须尽可能清除水域中的土著鱼类，有效的方法是用直流或高频脉冲电对水域进行清理，以消除敌害鱼类的危害。

（2）增加水草种类 由于圩滩地为自然生态，淡水小龙虾的自然增殖率较高，养殖水域必须有足量的水草才能维持生态的稳定，其水草覆盖面应保持在60%～80%。野生的水草多以菹草、金鱼藻、水花生、芦苇、蒲草和菱草为主，以上水草大多可食性较差，因此，应移植伊乐藻、轮叶黑藻、苦草和马来眼子菜等营养价值高、易于淡水小龙虾摄取的水草品种。另外，根据圩滩地内水草的生长和季节变化情况，不定期地补种不同品种的水草，如在2～4月补种在冬春季快速生长的伊乐藻和马来眼子菜，5月移栽夏季生长较快的苦草或6～8月移栽轮叶黑藻植株。

（3）投放螺蛳 采用虾蟹混养的方式，可提高单位水体的经济效益，因此，圩滩地中养殖淡水小龙虾时可套养少量河蟹。投放螺蛳一则可以作为河蟹的优质饵料；二则螺蛳具有清理圩滩地底质的作用，有利于生态平衡。2月底至3月中旬水温低于15℃，投放的螺蛳成活率较高，此时又正值螺蛳的繁殖期，投放后可以让其自然增殖，以降低生产成本。螺蛳的投放量为50～100千克/亩为宜。需要注意的是，淡水小龙虾缺少捕食活螺蛳的能力，如果单养淡水小龙虾，则不应投放螺蛳，以降低生产成本。

3. 苗种放养 圩滩地的苗种放养有两种方式：一种是在7～9月，每亩投放淡水小龙虾亲虾 18～25 千克，平均规格 35 克以上，雌雄比为 3∶1 或 2∶1。投放亲虾后无需投喂饲料，翌年 4～6 月用地笼或虾笼捕捞，起捕体重达到 40 克的大规格虾，小规格虾仍然放回养殖区继续饲养，采用捕大留小的方式，可提高养殖产量和养殖效益。9～11 月应降低捕捞强度，留存一部分亲虾用于虾苗繁殖，为翌年养殖准备虾苗。另一种是在 4～6 月投放淡水小龙虾的幼虾，规格为 140～160 尾/千克，每亩投放 25～30 千克。经过 1 年的养殖后，圩滩地余留的亲虾或虾苗通过不断增殖和繁衍，可以逐步形成苗种繁殖、养殖、捕捞和销售的产业链，使圩滩地养殖进入稳定发展的阶段。

圩滩地养殖淡水小龙虾时可套养河蟹和鱼类，河蟹的放养量 100～200 只/亩，规格为 50～100 只/千克；套养的鱼类为 13 厘米规格的鲢、鳙鱼种 50～100 尾。套养河蟹和鱼类可以发掘水体的生产潜能，使养殖效益得到进一步的提高。

4. 饲养管理

（1）投饵 圩滩地中有较多的野杂鱼，投喂精料会造成浪费，因此，饲养淡水小龙虾时以粗放式养殖为宜。养殖过程中以圩滩地内的天然饵料为主，少量补充低值饵料如动物内脏、食品加工废弃物和小杂鱼等。饵料的投喂主要集中在 5～7 月和 9～10 月，5～7 月虾苗生长快，适量投喂低值饵料可以养成大规格商品虾，以增加养殖效益。9～10 月是淡水小龙虾的产卵高峰期，投喂饵料可促进亲虾的性腺发育，增加产卵量和虾苗的育成率。每天投喂 1 次饵料，投喂时间为 17∶00～18∶00，日投喂量为 100～500 克/亩。

（2）水质调控 冬春季圩滩地水位保持在 20～30 厘米，以便于水草的栽种和生长。随着气温的升高，养殖的虾、蟹和鱼类耗氧率也随之增加，此时应缓慢注入新鲜水，使水位逐渐升高至 1～1.2 米，以扩大圩滩地的水面，增加虾、蟹、鱼的活动空间。7～8 月为高温季节，应保持圩滩地水位的相对稳定，防止雷暴雨引起水位大起大落或漫堤事故的发生。秋季应根据水质的变化情况，及时补进新水，使水质保持在良好的状态，以利于淡水小龙虾和河蟹的生长。

（3）日常管理 要做好圩滩地水草的移栽，在水草生长初期应避免水位过深而影响水草的光合作用，在夏季更要防止因水草腐烂引起的生态恶化。为确保圩滩地有 60% 以上的水草覆盖率，应通过捕捞调控虾的密度，以防止生态平衡被破坏。增加圩滩地的水草生物量，可以为淡水小龙虾提供大量的植物性饵料，同时，良好的生态环境可以作为淡水小龙虾栖息和蜕壳时的隐蔽物，有利于养殖成活率的提高。当水草覆盖率下降时，应及时补栽轮叶黑藻、苦草或金鱼藻等，以确保圩滩地始终保有较高的水草覆盖率。

圩滩地养殖淡水小龙虾虽然对管理的要求不高，但仍应坚持每天巡查圩滩地的水位变化情况，每月检测 1 次水质状况，每天测量 1 次水温、溶解氧和pH 等。为防止意外情况的发生，必须每天观察淡水小龙虾的活动与摄食情况，以确定注水量和饵料投喂量。当淡水小龙虾大量聚集在水草上或圩滩边时，应及时查明原因，并采取改底和增氧等相应的技术措施予以解决。

在汛期要做好防汛，防止地势低洼的圩滩地因洪水而发生漫堤事故。同时，要提前做好圩堤的加固和修补，防止虾苗逃逸。

5. 捕捞 圩滩地的天然饵料丰富，生态条件优越，淡水小龙虾不但生长快，而且虾苗繁殖数量多，因此，圩滩中的商品虾的个体差异较显著，捕捞时应选用网目为 1.5 厘米的大网眼地笼进行捕捞，以减少小规格虾的捕获率。放养亲虾的圩滩地，可在 4～5 月用地笼起捕已完成产卵和孵幼的亲虾。放养幼虾的圩滩地，可在 6～8 月起捕达到上市规格的商品虾，9 月淡水小龙虾进入繁殖高峰期，此时应停止捕捞，将余虾留作亲虾进行繁殖。9～10 月圩滩地可适当降低水位，以利捕捞河蟹和鱼类。捕捞时常会捕获抱卵虾，必须全数放回，以增加后期养殖的苗种数量。圩滩地养殖淡水小龙虾由于采用了粗放式养殖方式，产量相对较低，但无论是采用放养亲虾或放养幼虾的方式进行养殖，其产量通常为 50～75 千克/亩，且养殖成本较低，经济效益十分可观。

第二节 湖北省及浙江省淡水小龙虾混养模式

湖北省和浙江省推广了多种淡水小龙虾养殖模式，其中，最有特色的是鱼、虾、蟹混养、与特种水产品混养或套养模式，尤其是淡水小龙虾与黄鳝的套养模式，经济效益明显优于各品种单养时的效益，因此值得借鉴。

一、虾、蟹、鳜混养模式

在虾蟹养殖池中，野杂鱼的泛滥是造成养殖失败的重要原因之一，混养鳜则可以有效控制野杂鱼的数量，使野杂鱼的危害降至最低。

1. 池塘条件 池塘邻近水源，要求水源充沛，水质良好，排灌方便。池塘面积以 5～10 亩为宜，长方形，池底平坦，水深 1.2～2 米，池埂宽 3 米，坡度 1∶3。沿池塘四周开挖环沟，沟宽 1.5～3 米、深 0.8 米。新开挖的池塘需适量施肥，老塘淤泥较厚，应清除并晒塘。要求池塘无渗漏，有较好的贮水和保水性。池塘四周应建立防逃围栏，防止蛇、鼠、蛙等敌害生物侵入。

淡水小龙虾的养殖产量主要由可供栖居的池塘底部面积和斜坡面积大小决定，水体容积对产量的影响较小，因此，若在池塘中每隔 8～10 米建一小池坡，则可以扩大淡水小龙虾栖息的面积。

2. 防逃设施　池塘四周用厚塑料薄膜或网片构建防逃围栏，围栏高出地面 40 厘米，另有 20～30 厘米埋入土中，间隔 2 米用木桩或竹桩固定。

3. 池塘消毒　池塘消毒时可用生石灰、漂白粉或茶粕杀灭黄鳝、鲇、乌鳢等肉食性鱼类，常用的方法主要有：

（1）生石灰消毒　每亩养殖水面用生石灰 75 千克加水乳化后全池泼洒，7 天后即可注水。

（2）漂白粉消毒　将漂白粉完全溶化后，全池均匀泼洒，用量为 20～30 千克/亩。

（3）茶粕清塘　茶粕用量为 10～25 千克/亩，先将茶粕用水浸泡 2～3 天，浸泡时加入 5% 的食碱以提高有效成分浸出效率，取浸出液全池泼洒可杀灭池中的野杂鱼。

4. 水草种植　水草是淡水小龙虾生长过程中不可缺少的植物性饵料，在缺少水草的水域中淡水小龙虾生长慢，死亡率高，养殖成本高，因此，养殖淡水小龙虾的首要任务是种草。在水草丰盛的池塘中，水草除了有饵料功能外，还有净化水质的功能、隐蔽物功能、增氧功能和遮阴降温功能。水草正常生长的池塘通常会有较好的养殖生态，良好的生态可促进淡水小龙虾的生长，成活率、养成商品虾质量和养殖产量都会有较大的提高，商品虾肉质鲜美、品质优良，有利于品牌的创建和销售价格的提高。

混合种植水草的效果优于种植单一品种的水草，常见的品种有伊乐藻、轮叶黑藻、苦草、马来眼子菜、菹草、金鱼藻、水浮莲、浮萍、野菱、水花生、芦苇和蒲草等，不同的水草有不同的生长特性和作用，混合种植水草可以营造出更佳的生态效果。

池塘中水草的覆盖率以 60% 左右为宜，不然在 7～9 月高温季节，过高的水草覆盖率在夜间会大量消耗水中的氧气，并会影响上下层水体的交换，从而易导致池底缺氧；过低的水草覆盖率，不利于养殖生态的稳定和淡水小龙虾的生长。水草过少，夜间淡水小龙虾会集居在池边或爬上池埂，并会伴随大批成虾死亡现象的发生和养殖产量的降低。

水草除了在池塘四周浅水区种植以外，还应以点状分布的方式移栽至池中央。水草种植时水深以 20 厘米为宜，过深或过浅均不适合水草的发芽或生长。

伊乐藻在 11 月至翌年的 3 月前移栽，每簇水草的间距以 2 米×2 米为宜，每亩池塘的伊乐藻移栽量为 20～30 千克。水花生在 3～4 月移栽至池塘四周，呈条带状分布，移栽时应将水花生干种在泥土中，以确保水花生在淡水小龙虾残食下仍有较强的生命力。水花生栽种 20～30 天后可少量注水，水的深度由水草的生长速度决定，每次注水量以水草不露出水面为准。轮叶黑藻和苦草分别在 2～3 月播种，轮叶黑藻芽苞的用量为 5 千克/亩，苦草种子的用量为 150g/亩，使用时以 1∶20 的比例拌泥均撒。

5. 投放螺蛳　河蟹喜食螺蛳，在 4 月底前，每亩投放螺蛳 200～300 千克，以促进河蟹的生长。

6. 蟹种（扣蟹）放养　蟹种放养前，在池塘的环沟中用网围拦一块面积占池塘总面积 1/5 的蟹种暂养区，2 月底至 3 月初将蟹种放入暂养区培育到 4 月底至 5 月初，待池塘中的水草长成群落及螺蛳大量繁殖后再拆除暂养区的围栏，让蟹种进入大池中觅食。

蟹种放养密度为 800～1 200 只/亩，规格为 120～200 只/千克，要求放养的蟹种规格整齐，附肢齐全，无病害和有较强的活力。

7. 种虾放养　淡水小龙虾种虾应当提前一年放养，即在前一年的 8～9 月向养殖池环沟的虾种暂养区中投放亲虾 20～30 千克/亩，若沟中自繁的虾苗数量较多，则不再投放亲虾，以免虾苗密度过高导致河蟹成活率大幅度下降。

8. 幼虾放养　第一年混养淡水小龙虾的蟹池需要放养幼虾，翌年捕捞结束后池塘中必定会有虾苗余留，因此无需再补放幼虾。幼虾一般在 4～6 月投放，投放的规格为 140～350 尾/千克，每亩投放数量为 2 000 尾左右。

9. 鳜鱼放养　5～6 月，每亩养殖水面套养 5～8 厘米的鳜鱼苗 30～50 尾。鳜鱼苗不能太小或太大，规格过小的苗种捕食能力差，成活率不高；但放养体长超过 10 厘米以上的大规格鳜鱼苗，易对蜕壳的幼虾和幼蟹造成危害。

10. 其他鱼种的放养　养殖池中搭养适量的鲢、鳙鱼种有利于水质调控。鲢、鳙鱼种的放养数量为 30～60 尾，规格为 10～20 尾/千克，放养时间为 2～5 月。

11. 管理

（1）饲料投喂　池塘中的水草、底栖生物等是虾蟹喜食的天然饵料，但数量有限，在养殖过程中，仍需人工补充人工饵料。人工饵料主要有小杂鱼、麦子、豆粕、玉米、颗粒饲料、螺蛳和蚬子等。3～6 月以投喂小杂鱼和颗粒饲料等为主，7～8月是一年中气温较高的季节，应减少动物性饵料的投喂量，此时可增加麦子、玉米等植物性饵料的投喂比例。9～10月以投喂动物性饵料和颗粒饲料为主，以满足河蟹育肥的营养需求。投喂的动物性饵料应确保新鲜未变质，以免污染水质和引发病害，搭配的植物性饵料应足量供应。4～6月每天投喂2次人工饵料，7～9月每天投喂1次或隔天投喂1次，10月每天投喂2次，上午投喂量为全天投喂总量的30%，傍晚投喂70%；颗粒饲料与动物性饵料也可采用隔天或隔餐交替投喂，投喂时应避开草丛和环沟，投喂量以第二天无剩余为准。过量投喂不但浪费饲料，而且易污染水质和底质，养殖过程中虾蟹死亡率偏高多数与投喂量把控不严有关。

（2）水质和底质管理　清新的水质是虾蟹养殖必须具备的条件，在饲养期间，水中的溶氧不应低于4毫克/升，氨氮不高于1毫克/升，亚硝酸盐不高于0.1毫克/升，pH为7.5～8.5，水体透明度大于30～50厘米。生长水温以15～28℃为佳。3～5月池塘水深控制在0.3～0.5米，6月后逐步加深水位。高温季节，池塘水深保持在0.8～1.5米。水草的覆盖率不应低于60%，适度控制水草的长势可确保水草不发生腐烂。每月换水1～2次，每次10～20厘米。当池塘水质变差时，应及时换水或泼洒生物制剂改善水质。

12. 捕捞　体重40～50克的淡水小龙虾对河蟹残杀率较高，因此，蟹池中一般不提倡混养淡水小龙虾，但当周边水域中出现淡水小龙虾的踪影时，淡水小龙虾侵入蟹池也是必然发生的结果，因蟹池中混养淡水小龙虾模式多半是自然形成的，而非人为放养所形成。当蟹池中出现大量的淡水小龙虾时必须加强捕捞，控制池塘中成虾密度是关系到养殖成败的重要技术措施，只有在6月底之前起捕池中80%～90%的淡水小龙虾，才能确保河蟹的成活率不低于50%，或者说该模式只有及时起捕达到30～35克/尾的淡水小龙虾，才能确保主养的河蟹有较高的成活率和养殖产量。

淡水小龙虾和河蟹捕捞目前大多采用地笼诱捕，地笼中投入少量的小杂鱼块可使捕捞效率得到较大的提高。

二、养鳝池塘套养淡水小龙虾模式

黄鳝是深受消费者喜爱的水产品，其价格始终较为坚挺，因此，农民的养鳝热情较高。水源条件较好的湖北省江汉平原地区特别适合网箱养殖黄鳝，并成为该地区转变经济增长方式和农业增收、农民致富的重要途径。但网箱养鳝的池塘利用率只有 30%～40%，多数时间养殖水体是闲置的，而且养鳝的网箱是置于池塘的深水区，多数水面被空置，在养鳝池中混养淡水小龙虾则可以发掘池塘的生产潜力，提高水面的利用率和养殖效益。

虾鳝混养的技术方案是：6 月底至 7 月上旬在网箱中放养鳝苗，在此之前池塘主要用于养殖淡水小龙虾，待鳝苗投放后，就进入了虾鳝混养的阶段。也就是说，在鳝苗尚未投放之前可以在池塘中套养一茬淡水小龙虾，鳝苗投放后池塘中

即养虾，也养鳝，只是黄鳝的生长空间被限定在网箱内，淡水小龙虾的生长在网箱外的整个池塘中，因此虾苗的活动空间较大，密度适中，成活率较高，生长也较快。该养殖方式是一种在养鳝池塘中养殖一季鳝、两季虾的高效生态模式，非常适合在天然鳝苗资源较丰富的地区推广应用（图 5-6）。

图 5-6　虾鳝池塘养殖模式

1. 淡水小龙虾养殖

（1）清塘消毒　每年 10～12 月待黄鳝收获后，将池水降低至 20 厘米，用茶粕清池消毒，杀灭野杂鱼。茶粕用量为 25 千克/亩，使用前先浸泡 2～3 天，浸泡时按 5% 的比例加入食碱，以提高有效成分的浸出率，使用时取浸出液稀释后全池泼洒即可。

（2）水草种植　在池底种植沉水植物，如伊乐藻、轮叶黑藻和苦草等；在池塘四周种植漂浮植物，如水花生和浮萍等；在池塘中央种植挺水植物，如蒲草等，为淡水小龙虾生长提供良好的生态环境。

（3）亲虾或虾苗投放　每年 8～9 月，每亩池塘投放亲虾 20～25 千克，或 4～5 月亩投放 3 厘米的幼虾苗 6 000～10 000 尾。

（4）饲养管理　4 月初开始对淡水小龙虾进行投喂。淡水小龙虾虽属杂食性动物，但更喜欢摄食小杂鱼、水蚯蚓、摇蚊幼虫以及水草和麸皮等。饵料通常投喂在池塘四周的浅水区，每天早晚各投喂 1 次，投喂量为存池虾总重的 1%～5%。

（5）淡水小龙虾捕捞　4 月上旬，用地笼起捕体重达 30 克/尾以上的个体，捕捞至 6 月中旬暂停 1 个月，同时补放少量幼虾，补放量为起捕量的

30％。7月中旬开始捕捞第二批虾，至8月中、下旬停止捕捞，留下部分成虾用作虾苗繁殖的亲虾，为翌年养殖准备苗种。

2. 黄鳝养殖

（1）网箱设置　池塘的水深为1.8～2米，将网箱按每亩40箱标准设置在池塘中，网箱规格为4米²（2米×2米），箱高2米，以便于操作。箱与箱的间距为1.5米，顺池边排放，但距池埂应保持有1.5米的间隔区，以便于投饵和日常管理。在池塘中按2米的间距打下竹桩，竹桩上用铁丝相连以挂设网箱，网箱四角固定在铁丝上，绷紧后使网箱悬浮于水中。箱底有地锚和沉子，以确保网箱空间的最大化。

网箱的设置时间为5月下旬或6月初。网箱在放苗前应先在水中浸泡15天，待有害物质挥发后再投放鳝苗。网衣由30目的聚乙烯网片制成，网箱无框架，上口敞开，网箱上纲外侧缝有25厘米宽的塑料薄膜，防止敌害生物侵入。

网箱内移植水花生，水花生的覆盖面积占箱体的2/3。鳝苗放养前3～5天，对箱内水花生及水体进行消毒，常用的消毒剂为漂白粉，浓度为1～2毫克/升。

（2）鳝苗投放　鳝苗主要来源于当地黄鳝苗种场，规格在50克/尾左右。要求体质健壮，规格整齐，体表无伤病。购入野生鳝苗应注意苗的活力，防止劣质鳝苗混入。

6～7月待网箱内水草成活后，便可放养鳝苗。放苗时应选天气连续晴好的上午，放养量为2千克/米²。

为提高鳝苗成活率和预防疾病，鳝苗放养前应进行消毒。消毒方法：用3％～4％的食盐水浸洗鳝苗3～5分钟即可。

（3）黄鳝投喂　黄鳝喜食动物性饵料，辅以少量植物性饵料。饵料投喂要定时和定量，每次投喂后以15分钟内基本吃完为宜。常用的饲料有：①鲜活小杂鱼，投喂量为黄鳝体重的5％～6％，投喂前应注意对饵料鱼的漂洗；②鲜鱼或冻鱼绞成鱼糜进行投喂，投喂量为黄鳝体重的5％～6％；③投喂蚯蚓、河蚌肉、动物下脚料，麦麸、浮萍和颗粒饲料，投喂量以2％～4％为宜；④用大平二号蚯蚓打浆后与颗粒饲料拌和后投喂，投喂量为2％～3％；⑤投喂膨化颗粒饲料，投喂量为2％～3％。投喂前需先进行驯食，即逐步增加膨化饲料的比例，降低小杂鱼的比例，使黄鳝的食性逐步向摄食膨化饲料过渡。

（4）水质调控 保持水质清新，透明度为 40 厘米以上，pH 7.0～8.5。养殖期间每隔 10～15 天注水 1 次，每次 10 厘米，达到最高水位时（1.8～2.0 米）开始换水。每 15 天换水 1 次，每次更换 1/5～1/4。要求水体的溶解氧在 4 毫克/升以上，当水的 pH 低于 7 时可泼洒生石灰进行调节，用量为 5 千克/亩。

（5）日常管理 坚持白天和夜晚巡塘制度，及时了解淡水小龙虾和黄鳝的摄食、生长情况。经常检查网箱中的水位，防止箱体被淹或入水过浅，发现网箱破损应及时修补。养殖过程中需调控水草长势，对于长出水面的水草应及时割刈，防止水草发生腐烂。应定期检查进、排水的滤网，防止滤网破损发生淡水小龙虾外逃或野杂鱼的入侵。

根据天气变化情况灵活调节投喂量，晴天多喂，雷雨或闷热天少喂或停喂。7～9 月为高温季节，要防止发生缺氧的事故，必要时可安装增氧机增氧，同时增加晚间巡塘次数，防止发生意外。正常的天气可在午夜 1 时至日出前开机增氧，阴雨天全天开机，晴天 14：00 开机 1 小时，可减轻夜间的缺氧状况，发生黄鳝或虾苗浮头应及时换水。

（6）病害防治 虾鳝共作时的病害发生率较低，但养殖过程中仍需坚持预防为主的原则。除了鳝苗投放前进行药浴外，每月应全池泼洒 1 次聚维酮碘进行消毒，用量为每亩水面 1 米水深时用 300～500 毫升，以预防细菌性疾病。黄鳝每隔 10～15 天，在饲料中伴食肠虫清预防寄生虫病。

（7）收获上市 规格为 50 克/尾的鳝苗经过 5 个多月的饲养，养成规格达 150～200 克以上时即可捕捞上市。捕捞方法比较简单，将蚯蚓等诱捕饵料放进用竹篾编织的黄鳝笼，傍晚置于网箱中，第二天清晨便可收笼取鳝。

三、浙江省淡水小龙虾养殖与河蟹套养模式

淡水小龙虾高密度养殖的自相残杀率较高，因此增加虾苗的放养密度，会使养殖风险大幅度提高；适当降低虾苗的养殖密度，混养部分河蟹，可以使池塘的养殖效益得到提高。

1. 池塘条件 池深为 1～1.5 米，坡比为 1：2.5。池塘底质为保水性较好的壤土，淤泥不宜过深。池中开环沟，沟宽 2 米、深 0.8 米，池中央每间隔 10 米构建 1 条宽 1.5 米的土埂，土埂面高出池塘正常养殖水位 0.3 米。池内

种植伊乐藻、苦草和菖蒲等。池塘四周建立防逃围栏，高度为60厘米，其中20厘米埋入土中。进、排水口用密网构建防逃栅栏，进水时用60目筛绢过滤。

2. 虾池清整和消毒　池塘消毒在苗种放养前10～15天进行，消毒时池中注水10厘米左右，每亩用生石灰75～100千克化浆全池泼洒。

3. 水草种植　水草以伊乐藻、轮叶黑藻、苦草为主。伊乐藻在11月至翌年的2月种植，每间隔2米种1簇，每亩种植水草的重量为20千克。轮叶黑藻在2～3月播撒芽苞，每亩养殖池用量为2～4千克。苦草采用种子撒播，先切断种荚浸泡24小时，然后搓出种子拌泥全池遍撒，种子与泥的比例为1：20。在水草生长的高峰期，池塘中水草的覆盖率达到60%左右为宜。

4. 进水和培育基础饵料生物　池中注水50厘米，然后施入经益生菌发酵的培养基300千克/亩，并进行旋耕，以培育出轮虫和枝角类、桡足类和底栖饵料生物，为虾苗提供天然饵料。但使用时，要根据水质和底质状况调整使用量和使用方法。

5. 苗种放养　淡水小龙虾苗种来源：4月用地笼在蟹池中每天每亩能捕获2～5千克的淡水小龙虾，说明池中虾苗密度适中，不应再投放虾苗，以免虾苗密度过高对河蟹养殖造成影响；若养殖池为第一年开展淡水小龙虾养殖，则可以少量放养虾苗，通常密度不应高于0.6万尾/亩。

蟹种放养：4月放养蟹种，密度为300～500只/亩，规格为120只/千克。要求蟹种规格整齐，体质健壮。

6. 管理

（1）科学投喂　6月底前及8月下旬后，以投喂精饲料为主，7～8月以投喂谷物类和青饲料为主。投喂的饲料要求适口和适量，颗粒饲料日投喂量为池塘中虾蟹总体重的1%～3%，鲜活饲料日投喂量为5%～10%，并根据天气、水质、底质和虾蟹的摄食及活动情况灵活调整。每天投喂2次，6：00～7：00投喂30%，17：00左右投喂70%。

（2）水质调控　放养蟹种初期，池塘水位在0.5～0.6米。6月后逐步加深水位，每5～7天添加1次新水，高温季节池塘水加深至1米以上。7～9月高温季节，每7～10天换水1次，每次换水不超过1/4，保持水位相对稳定。当池塘水质不良时，及时换水或泼洒生物制剂改良水质。

（3）pH调节　pH以7.5～8.5为最佳，当水呈酸性时可用生石灰调节，使用生石灰对虾蟹有刺激蜕壳的作用，有利于大规格蟹的养成。高温季节每

15～20 天施用 1 次生石灰，每次用量为 5 千克/亩。

应用生物制剂（EM 菌、光合细菌、芽孢杆菌）改善水质。养殖中、后期每月施用 1～2 次生物制剂，以分解水中的有机物，降低氨氮、亚硝酸盐等有害成分，改良水质和底质，为虾蟹生长提供良好的水环境。

养殖过程中应定期监测水质，并根据天气、水质、虾蟹的摄食和生长等情况，调整改水和改底措施，防止水质恶化。虾蟹混养期间，应始终保持水质清新，水体溶氧不低于 4 毫克/升，pH 保持在 7.5～8.5，透明度控制在 40～50 厘米。

（4）加强水草管理　水草生长旺季，水草易长出水面，此时应割除距水面 25 厘米的水草，防止水草腐烂造成水体缺氧和水质恶化。虾蟹喜食水草，水草消耗量较大，可依据池中水草的覆盖率下降情况及时予以补充，确保水草的覆盖率不低于 40%～60%。

7. 适时起捕上市　淡水小龙虾生长速度较快，5 月下旬或 6 月中旬多数虾已达起捕规格，此时应及时布放地笼进行捕捞。早开捕可降低淡水小龙虾的自相残杀率，提高商品虾的产量，更重要的是可防止成虾对蜕壳的河蟹造成危害，以确保河蟹产量的稳定。在 6 月底前应尽可能提高淡水小龙虾的捕获率，余虾在 7～8 月捕尽，下半年以河蟹养殖为主。河蟹的捕捞从 9 月下旬开始，至 11 月基本结束，少量余蟹留至元旦或春节销售，以获得更高的养殖效益。

8. 效益分析　在淡水小龙虾养殖池中套养河蟹，通常每亩养殖水面可养成淡水小龙虾 100 千克左右、河蟹 40～50 千克。淡水小龙虾的产量总比河蟹的产量高，这是因为有部分河蟹被淡水小龙虾所残杀，残杀河蟹的淡水小龙虾生长较快，从而促进了虾产量的提高，因此，虾蟹套养模式的淡水小龙虾产量优于其单养模式。

9. 注意事项　需要说明的是，在淡水小龙虾养殖池中河蟹被残杀概率较高，因此，在养殖过程中淡水小龙虾是养殖利润的主要来源，河蟹仅仅是配套养殖的品种，不应奢望河蟹有很高的产量。生产实践表明，以淡水小龙虾为主养品种的养殖池中可以套养河蟹，但不提倡在河蟹养殖池中套养淡水小龙虾，原因是淡水小龙虾对河蟹的残杀会加大养殖风险。因此，以河蟹为主养品种的池塘中不应人为放养淡水小龙虾虾苗，池中若有淡水小龙虾产出只能是自然繁殖产生的个体，虾蟹混养是不得已而为之。当池中淡水小龙虾的数量逐年增加时，必须加强对淡水小龙虾的捕捞强度，防止其对河蟹养殖产生危害。

第三节 安徽省淡水小龙虾混养模式

安徽省的鱼类资源十分丰富，因此，该省在淡水小龙虾养殖过程中很自然地将这些鱼类引入并组合成比较独特的养殖模式。实践表明，这些模式可以为养殖户提供新的致富门路，是推动农村经济发展、增加农民收入的重要生产方式。

一、池塘虾鳖混养模式

淡水小龙虾、中华鳖皆是安徽省主要的名优水产养殖品种。近年来，淡水小龙虾或中华鳖的池塘单养常受养殖生态恶化的影响，养成的商品虾规格偏小，商品鳖风味较差，养殖效益也不够稳定。而虾鳖混养作为一种节本增效的新型养殖模式，可以在不对主养的淡水小龙虾产量造成太大影响的基础上，每亩可产出 25～30 千克优质商品鳖，亩均增收 2 000～2 500 元。虾鳖混养，不但有效地降低了养殖风险，而且可提高池塘的水体利用率和单位面积的经济效益，是一种有很好养殖前景的养殖模式。

1. 池塘条件

池塘面积 5～10 亩，池深 1.2～1.8 米，池水深 0.8～1.4 米，坡比 1∶3，池埂宽度在 1.5 米以上，池底以壤土为宜，淤泥厚度不超出 15 厘米。池埂四周设置防逃围栏，沿池边坐北朝南处设置 3～4 块斜放的石棉瓦作为中华鳖晒背台，石棉瓦一半置于水中，另一半露出水面。进水口设置 60～80 目筛绢网，出水口设置密眼网罩。池塘的清塘消毒、施肥、水草种植等同"池塘生态养殖模式"。

2. 虾苗及鳖苗放养

每年 4～5 月，投放当年繁育的体长 3～5 厘米的虾苗，每亩投放 1.0 万～1.5 万尾，利用浓度为 10 毫克/升的高锰酸钾溶液浸泡消毒 5 分钟后下塘。每年 5 月底至 6 月初，水温稳定在 25℃以上时，选择连续晴好天气，每亩放养 0.3～0.5 千克的幼鳖 20～30 只。温室鳖要注意逐渐降低温室的温度，放养前 1 周降至自然温度，以减小温差。幼鳖用 3%～5% 的食盐水浸泡消毒 5 分钟，以预防病害的发生。

3. 管理与捕捞

（1）日常管理 淡水小龙虾饲料投喂管理、水质管理、病虫害防治等管理措施，同"池塘生态养殖模式"。由于中华鳖放养密度低，可以摄食淡水小龙虾的残饵、病弱虾及死虾，养殖过程中无需额外投饵。

（2）捕捞与暂养　淡水小龙虾的捕捞方法同"池塘生态养殖模式"，中华鳖则要等捕完虾后干池清理池底时人工抓捕。由于鳖的捕捞较集中，如一次未能销售完，可以进行暂养，方法是在空闲地面铺上25厘米厚的潮湿细沙，把鳖埋于沙中即可，并根据气温高低调整暂养时间。

二、池塘虾鳜混养模式

鳜有残食虾类的特性，但淡水小龙虾与鳜的生长季节不同，因此，两者可在同一池塘中利用不同的生长期进行分茬养殖。由此形成的池塘虾鳜混养模式，可以提高池塘养殖的经济效益，增加农民收益。该模式是一种生态高效养殖模式，具有投入少、效益高、生产的虾、鳜品质优等特点。

1. 放苗前的准备

（1）池塘条件　要求池塘的水源充沛，水质符合渔业生产水质标准，排灌方便，面积10～30亩，池塘坡面宽3米以上，深度1.5～1.8米，坡比为1∶3，土质以壤土为好，淤泥不超过15厘米。每10亩配备1台3千瓦的增氧机。

（2）防逃设施　虾鳜混养的防逃设施可参照"池塘生态养殖模式"。

（3）清整与消毒　池塘的清整与消毒在冬季或早春进行，首先抽干池水，冻晒1个月，然后清除池底过多的淤泥和堰上的杂草。消毒方法同"池塘生态养殖模式"。

（4）施肥　在池塘冻晒期间，视塘泥肥度，每亩均匀遍洒腐熟的有机肥500～1 000千克，通过犁耙将有机肥翻入底泥中，深度为10～20厘米。

（5）稗草种植　施肥后第2天，在池塘底部种植稗草，每亩播种草籽0.5千克。翌年2～3月，在池塘四周栽种伊乐藻和轮叶黑藻，伊乐藻直接移栽营养体，轮叶黑藻采取播种芽苞的方式。每隔7～10米栽植1簇伊乐藻，在池中播种轮叶黑藻芽苞，每亩芽苞用量为2 000～3 000克。池塘水位调控视水草生长情况而定，水位升高必须与水草的生长同步。

2. 虾苗、鱼苗及鱼种放养

（1）虾苗放养时间　3月水温较低，虾苗的捕获量较少。4月中旬至5月中旬，水温明显上升后虾苗的捕获量增加，此时能购到大批量的虾苗。6～7月放养虾苗的养殖效果明显不如4～5月，因为高温季节虽然供苗量较大，但此时的虾苗多为红壳，生长速度明显比青壳虾苗慢。而且高温季节放养的虾苗死亡率较高,因此,4月中旬至5月中旬是投放虾苗最佳的时期。

(2)虾苗放养数量 就近收购当地培育的幼虾,体长为3~5厘米,每亩投放量在5 000~8 000尾。为获得较高的虾苗成活率,以自繁自育的虾苗为佳。

(3)饵料鱼放养 5月上旬,每亩投放"四大家鱼"水花15万~20万尾,夏花鱼种的饵料以投放腐熟的有机肥培育的浮游生物为主,同时大量的有机质还可以繁衍出底栖生物作为淡水小龙虾的基础饵料,虾与饵料鱼的同步生长为鳜前期的生长提供了充足的饵料来源。6月上旬每亩池塘再放养15万~20万尾鲮鱼苗,鲮鱼苗的培育面积与鳜池塘养殖面积的比例为(2~3):1,培育的鲮鱼苗主要用于后期鳜鱼苗的饵料。

(4)鳜鱼种放养 6月20日前后,每亩投放8~10厘米的大规格鳜鱼种600~700尾。鳜鱼种用3%的食盐水浸浴3~5分钟后放养至池塘中。

3. 饲料投喂与管理

(1)稗草管理 5月上旬,开始刈割部分稗草用于天然饵料生物的培育,刈割顺序从池中央向周边延伸,一次性刈割占全池的1/2以上,为投放鳜的饵料鱼做准备。根据稗草秸秆淹青培肥情况,适时投放鳜的饵料鱼。

(2)饵料投喂 虾苗下塘后1周可泼洒豆浆(干黄豆3千克/亩),此后,则以菜粕、豆粕等植物性饵料为主,并搭配一定的小杂鱼,也可选用淡水小龙虾专用颗粒饲料。饲料投喂选定在每天的傍晚时分,有利于提高饲料的利用率。4~6月是淡水小龙虾觅食的活跃时期,增加饲料投喂量可促进淡水小龙虾的生长。

(3)饵料鱼培育 鳜只捕食活的鱼苗或鱼种,因此必须进行饵料鱼的配套培育。饵料鱼培育分为专池配套培育和虾池中套养两种方法,专池培育的面积与套养鳜的虾池面积比为1:(2~3);培育方法与常规鱼苗和鱼种培育方法相同。

(4)鳜鱼种放养与培育 当虾池中的鱼苗长至2~3厘米时即可投放鳜鱼种,随着鳜的长大和食量的增加,虾池中的饵料鱼数量逐渐减少,此时,鳜会游至池塘边或水面寻找食物,出现上述情况时应及时从配套池中捕捞饵料鱼进行补充,补充的饵料鱼体长应比鳜体长小30%~40%为宜。7~9月为鳜的主要生长季节,每2~3天根据鳜的吃食情况,适量补充1次饵料鱼,每次每亩补充饵料鱼3 000~4 000尾。10月以后,每3~5天补充1次饵料鱼,投喂量为塘内鳜总重量的30%~40%。

（5）水质调控　鳜鱼种投放后，加高水位至部分稗草被淹没，为淡水小龙虾提供附着物和植物性饵料。5～6月，每20天泼洒1次生石灰调节水质，用量按每米水深5千克/亩计。从7月开始，每半个月用1次枯草芽孢杆菌或EM菌，芽孢杆菌或EM菌的使用浓度均为5毫升/升，使用后在半个月内不再使消毒剂。

4. 鳜病害防治

（1）车轮虫病

【病原】为车轮虫。根据侵袭部位和致病情况，可分为侵袭体表和侵袭鳃瓣两种情况。

【症状】病鱼游动缓慢，呼吸困难，黏液增多，常不吃食而死亡。镜检可见病原体。该病对鳜苗种危害最大，常造成大批死亡，是苗种阶段危害最大的疾病之一。该病一年四季都可发生，5～10月为流行季节，6～9月为发病高峰期。

【防治方法】每亩水体用苦楝树枝叶20千克沤入池塘进水口，每隔7～8天换一次枝叶，可预防车轮虫病的发生。或用福尔马林全塘泼洒，浓度为18～20毫克/升。

（2）指环虫病

【病原】为指环虫。指环虫种类很多。其幼虫在寄主鳃中生长发育为成虫并产卵，卵子在水中发育成幼虫，幼虫又寻找新的寄主，因此病情发展较快。该虫能借助水的流动、鱼的迁移进行传播。

【症状】指环虫上长有许多小钩，可寄生在鱼鳃上，常常做尺蠖式的运动。钩破鳃部组织，破坏鳃丝表皮细胞，使鳃丝浮肿，流出大量黏液，鳃盖张开不能闭合，鳃变暗灰或苍白色，呼吸困难，不吃食，游动无力，直至死亡。

【治疗疗法】用甲苯咪唑（1米水深）67～100毫升/亩全塘泼洒，或用鳗虫净全塘泼洒，浓度为0.35～0.4毫克/升。

（3）暴发性出血病（细菌性败血症）

【症状】病鱼体表光滑，鳍条、臀鳍基部充血，肝脏淡红色。

【防治方法】放养苗种前用生石灰清塘消毒，用量为75千克/亩。池水用聚维酮碘消毒，浓度为0.4～0.6毫克/升，隔天使用1次。

（4）鳜鱼彩虹病毒病

【症状】病鱼鳃和肝呈苍白色、内脏局部充血，有腹水、红肿、溃烂和肠内充满黄色黏稠物等症状。80％以上病鱼可混合感染细菌、寄生虫等继发性疾病。

【防治方法】选用野生的鳜进行繁殖，可降低发病率。发病季节应注意水质的变化情况，水质不佳时应及时更换。通过泼洒磷酸二氢钾提高水生植物或藻类的产氧能力，降低氨氮、亚硝酸氮等有害物质的浓度，以维持生态的稳定，磷酸二氢钾的用量为150克/亩。饵料鱼投喂前用药浴方式灭菌和杀灭寄生虫。

5. 捕捞 6月中旬，淡水小龙虾经过2个月的生长，部分已达到上市规格，此时将稗草全部刈割完，并用大网眼地笼诱捕淡水小龙虾，每月集中捕捞2周，按捕大留小的原则，将达到35克以上的商品虾起捕上市，至9月捕捞结束。12月至翌年2月，将鳜及吃剩的饵料鱼全部起捕捞，其中的大规格鱼种可留种，为翌年生产作苗种准备。

6. 存在问题 安徽省经过多年研究与实践，淡水小龙虾养殖技术有了较大的提高，养殖规模逐年扩大，逐步形成淡水小龙虾野生苗种资源配套技术、模拟自然生态技术、生态调控技术、水草养护技术、饲料投喂技术、轮捕轮放和繁、养一体化技术等，形成了多种淡水小龙虾养殖模式，推广应用了池塘和稻田养殖模式，单位养殖产量达100～150千克/亩。但该省的淡水小龙虾产业仍存在诸多问题，主要表现在：

（1）种质选育有待加强 多数苗种来源于野生捕捞，因此有必要开展淡水小龙虾的选育和建立该虾优质种苗生产基地，在淡水小龙虾野生种质资源保护性利用的同时，采用现代生物技术开展淡水小龙虾良种选育，以培育出生长快，抗病力强的淡水小龙虾新品种。

（2）苗种繁殖技术研发有待完善 淡水小龙虾养殖业快速发展使得苗种供求存在较大的缺口，如何解决育苗生产中存在的产量低、苗间自相残杀率高和放养后死亡率高等问题对养殖产业的稳定发展具有重要的意义，因此有必要深入开展亲虾性腺发育机理、虾苗规模化生产技术、虾苗自相残杀预防和抗应激技术等方面的研究，提高淡水小龙虾育苗产量，使苗种短缺问题得到解决。

（3）专用饲料有待开发 由于目前对淡水小龙虾养殖专用的颗粒饲料研究仍显不足，人工配制的饲料成本较高，性价比较低，因此养殖户多以小杂鱼和农副产品作为淡水小龙虾的主食，由此造成的水质和底质污染对养殖成活率和养殖产量的提高十分不利。因此有必要针对淡水小龙虾的觅食特性、生理特点和营养需求开展专用配合饲料的研究，以降低生产成本，提高养殖效益。

（4）标准化养殖技术有待推广 安徽省淡水小龙虾养殖虽已取得了较大的进展，但养殖过程中仍存在较多的误区，养殖产量和效益的稳定性有待提高，养殖模式的规范化、标准化研究仍有待加强。可以相信，在安徽各级政府的支持和推动下，该省的淡水小龙虾养殖技术水平和产业化进程将会得到较快的发展和提高。

第四节 天然水域养殖模式

江西省鄱阳湖是我国淡水小龙虾的重要产区，每年的4～8月，鄱阳湖不但可以为消费市场提供近2万吨的商品虾，同时，该湖出产的淡水小龙虾虾苗为江西省池塘和稻田养殖解决了苗种来源问题。2013年，该省的淡水小龙虾养殖面积已发展到了20万亩，其中，大水面人工增养殖17.5万亩、池塘养殖面积2万亩、虾稻轮作0.5万亩，养殖产量为2.2万吨，是我国淡水小龙虾养殖业发展较快的省份之一。

一、江西省淡水小龙虾大水面人工增养殖模式

大水面通常指湖泊、水库等面积较大的水域，上述水域通常有开阔的水面，水域中除了有野生的鱼、虾、蟹等水产品之外，还有鸟类等其他动物。在大水面的深水区通常会有风浪，在水体交汇处有激流，在浅水区会有较多的水生植物和底栖生物，生态条件十分优越。大水面最大的特点是，水中溶解氧含量较高（>7毫克/升），因此，在大水面增殖淡水小龙虾不但成活率高，而且生长快，个体大，肉质鲜美。

1. 水域条件 宜选择浅水性草型湖泊、湖湾、河沟或沟渠进行淡水小龙虾增养殖，要求大水面的人工增殖区周边地区无污染源，水质清新。

2. 增殖区水草资源 淡水小龙虾大水面人工增殖区，需要有丰盛的水草资源才能提高增殖效果，因此，应加强增殖区的水草资源养护，使增殖区的水草覆盖率达到60%以上。当水草长势不佳时，增殖区水域应在2～4月补种伊乐藻等沉水植物，5～6月补种苦草、轮叶黑藻和金鱼藻，使增殖区的生态条件符合淡水小龙虾的生长要求（图5-7）。

3. 水草种植方式

(1) 水草种类 大水面淡水小龙虾增殖区的水草种类应当具备多样化的特点，其中对淡水小龙虾增殖有特殊作用的挺水植物有芦苇、蒲草和茭草等；漂浮植物有水花生、水葫芦和浮萍等；沉水植物有伊乐藻、轮叶黑藻、苦草、马来眼子菜、菹草和金鱼藻等。通

图5-7 大水面增养殖

常，在大水面的浅水区可见到荷花、野菱及芡实等具有较高经济价值的水生植物，多种水生植物组成的水草群落，为大水面生态的稳定发挥了十分重要的作用。

(2) 水草的种植方法 有栽插法、抛入法、播撒法和播种法，不同的水草品种可采取不同的种植方法。苦草在清明前后按每亩50克种子播种，播种前将苦草种子浸泡2天，搓出种子与泥土拌匀后播撒在浅水区，4月开始发芽，6月中旬即可形成种群，但播种初期（4～5月）的水位应保持浅水状态，以利出芽；苦草的种植也可在5～6月采用"抛秧法"进行种植，也就是先在池塘中种植苦草，待苦草长成10厘米左右的植株后，可将其拔起抛洒在增殖区水域的浅水区，以增加水草成活机率。金鱼藻是多年生沉水植物，以移植为主，亩栽种量为10～15千克。轮叶黑草在夏季长势较好，水温低于12℃时植株枯萎并形成芽苞，在翌年开春后开始萌发。在增殖区直接播撒轮叶黑藻芽苞易为鱼、虾、蟹所抢食，如果在4～5月采集轮叶黑藻的植株，用湿黏土包裹植株下端呈团状投放到养殖水域中就可以取得较好的移栽效果。通常，亩移栽轮叶黑藻的数量为20～30千克。伊乐藻、轮叶黑藻和金鱼藻可以采用栽插法，即将水草的植株截成20～30厘米长后扦插在底泥中，每簇3～5株，株距3米，每亩水草用量为20千克左右，水草栽插初期的水位应保持在10～30厘米。

为确保水草在发芽期不被残食，可在浅水区用围网建立水草保护区（人工牧场），保护区内以种植金鱼藻、轮叶黑藻和苦草为主，待水草长至50厘米时再撤除围栏，此时已形成群落的水草，生物量较大，可以为淡水小龙虾生长提供充足的饵料和良好的生态环境，有利于单产的提高。

4. 苗种来源和放养

（1）亲虾放养 投放亲虾的主要手段之一，是淡水小龙虾大水面人工增殖，每年的8～9月是投放亲虾的最佳时期，每亩可放养体重25克以上的亲虾5～10千克，雌雄比为3∶1。虾种一般连续投放3年，当水域中形成了自然种群时则不再继续投放苗种，种群扩大是通过自然繁衍的方式实现的。

（2）虾苗放养 每年的4～5月是向大水面增殖区投放虾苗进行增殖的最佳时期，每亩可投放淡水小龙虾苗种5～15千克，规格为每500克70尾。

5. 饵料来源 淡水小龙虾大水面人工增殖区野杂鱼类较多，如果在增殖区投喂人工饵料，多数会被野杂鱼所抢食，浪费较大。所以，大水面增殖通常不投喂饲料，增殖区淡水小龙虾生长所需的营养主要来自水体中浮游生物、底栖生物、水草、有机碎屑及小型鱼类等天然饵料。如果增殖区建立了淡水小龙虾暂养区，则可以适量投喂小杂鱼等湖区自产的廉价饵料，但考虑到湖区的生态保护，增殖区以不投喂人工饲料为宜。

6. 捕捞 大水面增殖的捕捞原则是在增殖区捕捞淡水小龙虾时充分考虑资源的可持续开发和利用，以确保增殖区淡水小龙虾产量的稳定增长，因此，确定增殖区合理的起捕规格和捕捞数量是维护资源稳定的重要保证。增殖区捕捞时所用的地笼或其他捕捞网具的网目不应小于1.2厘米，严禁使用"迷魂阵"等破坏资源的渔法和渔具。捕获的淡水小龙虾体重应大于20克，达不到此规格的个体应放归到增殖区水域继续生长。捕捞时间为3～8月，9～11月是淡水小龙虾的繁殖高峰期应停止捕捞，使有限的资源得到保护和可持续利用。

7. 运输 淡水小龙虾的虾苗、亲虾和成虾通常采用干法运输。其方法为：

（1）虾苗和亲虾运输 虾苗和亲虾干法运输时，多采用竹筐、塑料周转箱或泡沫箱装运。短途运输时容器中可铺一层湿水草，然后放入部分虾苗或亲虾后，再铺盖一层水草保湿。必要时可采取2层虾苗、3层水草的方式运输，若运输时间超过8小时，所用水草只能是水花生，不宜使用伊乐藻等易腐烂的水草，以免造成虾苗或亲虾死亡。长途运输可采用冷藏车运输的方式，以提高虾苗或亲虾的运输成活率。

采用泡沫箱作为虾苗或亲虾运输容器时，应事先在泡沫箱上打6～10个1厘米的小孔，以增加箱内的氧气含量，防止虾苗或亲虾因缺氧而窒息死亡。运输时应避免风吹日晒，使箱内温度和湿度要保持稳定。

（2）成虾运输　首先要选活力较好的成虾进行包装运输，以确保到达目的地时有较高的成活率。成虾运输一般采用层叠式运输容器如竹筐、塑料周转箱和泡沫箱，箱的高度为25厘米。运输前对淡水小龙虾按大小不同规格进行分级，短途运输可用竹筐或塑料周转箱，长途运输可采用泡沫箱。泡沫箱运输成虾时应清洗虾体，然后将淡水小龙虾按规格称重装箱，虾的表层撒上一层碎冰，每个泡沫箱放冰量为1～1.5千克，然后加盖密封。用泡沫箱运输时，应在泡沫箱上打孔防止箱内缺氧和箱底积水，运输的时间控制在6～10小时以内，超过12小时，应在中转站重新加冰包装。用竹筐装车时叠层高度不应超过5层，以免过度挤压造成淡水小龙虾死亡。

二、草型湖汊养殖淡水小龙虾模式

草型湖汊包括沼泽、湿地以及汛期形成的水沟等原生态水体，均可用于淡水小龙虾的养殖。

1. 养殖区选择　在草型湖汊中增养殖淡水小龙虾应优先选择湖底平坦，湖汊的水草资源丰盛，周边没有化工厂或有毒污染源的水域。增殖区丰水期的平均水深为0.4～1.2米，枯水期的水位应不低于0.2米。冬、春季保持浅水位，可确保湖底有较好的光照强度，有利于水生植物发芽和生长；丰水期的水位以不超过1.5～2米为佳，过深的水位将严重影响沉水植物的光合作用，不利于水草的生长。在草型湖汊设立淡水小龙虾养殖区后，不能影响正常的蓄洪、行洪和航运。满足上述条件的草型湖汊开展淡水小龙虾养殖通常能获得较好的养殖效果（图5-8）。

2. 围栏设置　在选定的增养殖区四周用聚乙烯网片构建防逃围栏，围栏网片的网眼过小易被着生藻类堵塞，网眼过大则易破损，网目一般以0.5厘米左右为宜。为降低围栏损坏后发生逃虾的风险，在养殖区内用简易围栏分隔出数块小区，每块小区的面积由管理方式决定。采用人工精细化管理和适量投喂的养殖小区，面积可控制在30～60亩；采用粗放养殖模式的养殖区，可扩大至数

图 5-8　湖汊增养殖

百亩以上。围栏可用竹桩固定，桩距为 2～3 米，其强度必须满足在 8 级风速时不倒坍，围栏底纲用竹锲打入泥土中固定，以增强围栏的抗风性能。

3. 虾种放养前的准备

（1）为便于用地笼捕虾，增养殖区内的小树、木桩以及其他障碍物应予以清除。

（2）为丰富养殖区的水草种类，可人工移栽伊乐藻、轮叶黑藻和苦草等常见的水草品种，为淡水小龙虾生长提供植物性饵料和隐蔽物。

4. 苗种放养

8～9 月，每亩投放淡水小龙虾亲虾 18～20 千克，雌雄比为 3∶1 或 2∶1；也可在秋、冬季（11～12 月）放养工厂化人工培育的幼虾，幼虾的规格为 2 厘米左右，放养量为 4 000 尾/亩。春末、夏初可放养来源于池塘或周边地区的虾苗，放养量为 6 000 尾/亩。

5. 饲养管理

（1）**饵料投喂**　草型湖汊养殖淡水小龙虾，一般以天然饵料为主，或少量投喂用小杂鱼加工成的动物性饵料。此外，在 10～11 月可补种水草作为植物性饵料，以补充天然饵料的不足。如果在草型湖汊养殖区采用高密度精养，除了水草移栽外，可适当增加小杂鱼的投喂量，不宜投喂易被野杂鱼抢食的颗粒饲料。

（2）**防汛防逃**　草型湖汊养殖淡水小龙虾，易受汛期陡涨的洪水和漂流的杂物冲击，因此，要备齐网片、铁丝和竹桩等材料用于防汛和抢险，汛期应有专人巡查围栏，及时清除靠近围栏的漂浮物，同时应加高加固围栏，以应对水位的暴涨。

（3）**清野除害**　草型湖汊养殖区的水面开阔，野杂鱼较多，尤其是凶猛性鱼类的鱼苗进入网栏内长成后易危害虾苗和蜕壳虾，对淡水小龙虾的成活率有较大的影响，为此，要定期用地笼或小型鱼簖进行捕捞，降低凶猛鱼类的危害。

6. 成虾捕捞

草型湖汊养殖淡水小龙虾的捕捞季节主要在 6～7 月，捕捞的工具主要有地笼网和手抄网等。在汛期应及时起捕已达到商品虾规格的个体，降低养殖密度和养殖风险。在 9 月应预留部分亲虾进行交配、产卵、孵幼，为翌年的养殖作好苗种的准备。通过淡水小龙虾的自繁自育，翌年的养殖不但无需再投放苗种，而且每年可收获一定数量的商品虾。

草型湖汊养殖应控制捕捞强度，过度捕捞会影响翌年的产量，一旦资源被破坏，至少需要经过半年的休养生息后，才能使淡水小龙虾资源得到恢复。因此，必要时也可以采用人工投放亲虾的方式进行资源量的补充，以提高增养殖的效果。

草型湖汊养殖淡水小龙虾模式，是一种低成本的养殖方式，通常淡水小龙虾的产量为 50～80 千克/亩，水草丰盛的大水面增殖效果更为明显，养殖效果也更好。为稳定草型湖汊养殖区的生态和提高淡水小龙虾的产量，必须对养殖区内的水草进行养护，同时，充足的植物性饵料是取得淡水小龙虾增养殖成功的重要保证。

第 六 章
淡水小龙虾养殖需要注意的问题

淡水小龙虾养殖业经过多年的发展，目前，已形成了集苗种繁育与养殖、产品加工和销售以及专用渔需物资配套供应于一体的产业化体系，而且养殖模式的多样化，也为该产业的发展注入了新的活力。与此同时，新模式的开发往往伴随着较大的不确定性或养殖风险，正确认知养殖过程中出现的各种问题的因果关系，才能为问题的解决提供正确的思路和方法。

第一节　苗种培育与养殖中存在的问题

在淡水小龙虾苗种培育与养殖过程中，技术环节的把控常受到许多错误观念的影响，其中，包括苗种放养与培育方法、养殖密度的控制、饲料的投喂技巧、虾苗的自相残杀率控制、生态营造的方法、苗种的运输方法和饲养管理技术等方面。错误的观念常导致技术措施和管理方法的失当，对淡水小龙虾产量和效益的提高有较大的影响，因此，纠正错误的观念和做法将有利于淡水小龙虾养殖产业的发展。

一、高密度养殖的问题

淡水小龙虾养殖从形式上可分为粗放式养殖与高密度精养两种类型，粗放式养殖模式通常以天然饵料为主，高密度精养模式通常以投喂人工饲料为主。就淡水小龙虾主动寻食能力较弱和自相残杀率高的特性而言，粗放式养殖模式可减少饲料的投喂量，自相残杀率也更低，养殖成活率也相对较高，因此，更适合于在淡水小龙虾养殖中作为主推的养殖模式。生产实践表明，淡水小龙虾在精养条件下对人工饲料的利用率较低，尤其是当颗粒饲料落入草丛或淤泥中时，被淡水小龙虾摄取的概率明显低于其他养殖品种，饲料未被利用不仅会造成浪费，而且对池底的污染将导致生态恶化和养殖产量的降低。除此之外，淡水小龙虾精养过程中的自相残杀率高于粗放式养殖，亩均放养虾苗1万尾与3万尾相比，产量提高幅度十分有限，尤其是高密度养殖条件下自相残杀率可高达60%以上，而且发病率也居高不下，因此，饲料利用率低、自相残杀率和死亡率高是造成淡水小龙虾精养成本偏高的重要原因之一，也是精养过程中急需解决的技术难题。高密度精养模式的养殖成本偏高已成为制约该虾养殖效益提高的瓶颈问题。提高淡水小龙虾池塘精养的效益，除了应用生态改良技术来降低其自相残杀率之外，培养天然饵料生物可以弥补淡水小龙虾觅食能力不足的缺陷，因此，开展天然饵料生物的培养是目前解决上述问题的有效方法和途径。

在天然水域中，野生状态下的淡水小龙虾以水草、底栖饵料生物和底泥中的有机质为主要食物；在人工养殖条件下，通过投放培养基促进水草和底栖饵料生物的生长，可以在池塘或稻田中模拟出天然的水域生态，同时可培育出丰盛的水草和底栖饵料生物，不但分布广，而且具有生物量大、增殖快和易于取食的特点。将此项技术应用于养殖生产中可有效降低生产成本，使淡水小龙虾高密度精养的成本得到有效的控制，养殖效益得到较大的提高。

二、种质选育问题

通常认为"淡水小龙虾捕大留小的生产方式会造成种质退化"，其实这是一种错误的认识。种质质量对养殖产量有较大的影响是不可否认的事实，但如何选留淡水小龙虾的种质却一直存在着争议。在鱼类育种中，由于鱼类通常有固定的产卵周期，因此，同一群体中个体大的是生长优势的表现，选择大规格亲本用于后代的繁育已被证明是行之有效的育种方法；但对于一年中有8～10个月均能产卵且需要蜕壳后才能长大的淡水小龙虾而言，就不能套用上述选育方法。由于淡水小龙虾产卵不同步，虾苗个体相差悬疏。大规格虾苗只是由于其"出生"早、长得更大，或者说捕获的大规格虾并不是因为具备了生长优势才得以长大，留下的小规格虾也未必就是没有生长优势或发生了"种质退化"，因此，选留大规格虾进行繁育并没有遗传学的意义。其次，即便是同一亲虾在同一时间里繁育的后代，虾苗间的自相残杀也会造成个体差异，残杀其他虾后可获得更多的营养，长得也会更大，这是由营养不同造成的生长差异，并不是生长优势的体现。再者，淡水小龙虾具有蜕壳的特性，虾苗蜕去旧壳数天或数十天后，新躯体通常可比蜕壳前的体重增加15%～50%或更重，而能否正常蜕壳又与营养条件、生态环境、养殖技术和管理水平有很大的关系。当上述条件未能满足或达到时，淡水小龙虾就不能正常蜕壳，未能正常蜕壳的虾个体就小，因此就淡水小龙虾而言，仅凭规格大小是无法确定种质优劣的。

在生产过程中大规格虾苗总是先长成商品虾，小规格虾则后长成，起捕达到规格的大虾并不意味着剔除了具有生长优势的个体，因此，作为一种可以为淡水小龙虾养殖增加效益的"捕大留小"技术措施，不但不会降低种质质量，而且也不会因为捕大留小而种质退化。简单套用鱼类的选育理论并应用于淡水小龙虾的种质选育是不恰当的，事实上，选用大规格虾繁育的后代至今未能在淡水小龙虾养殖中体现出养殖优势，与选育理念存在误区不无关系。

重视淡水小龙虾种质选育是值得鼓励的，但是选育技术除了以淡水小龙虾的遗传特性为基础外，还应考虑到其生长习性等基本生物学特性对种质选育的影响，生搬硬套必然会进入误区并造成损失。

三、青壳虾苗和红壳虾苗的生长差异

淡水小龙虾有两种体色，一种呈青褐色，虾壳较薄，另一种呈红褐色，虾壳较厚，分别称为"青壳虾"和"红壳虾"，且青壳虾的生长显著快于红壳虾（图6-1、图6-2）。需要说明的是，青壳虾或红壳虾并非两个不同的品

图 6-1　体色为青色的虾苗　　　　　图 6-2　体色为红色的虾苗

种，青壳或红壳只是淡水小龙虾在生长过程中体色不同而已，虾壳青褐色在一定条件下可转变为红褐色，成为红壳虾。由于性成熟或趋于成熟的淡水小龙虾均为红壳虾，因此，通常会认为红壳虾是性成熟或性早熟的标志，但事实并非如此，部分虾苗长至5～10克时体色已由青转红，但性腺尚处在发育初期，并未成熟。在淡水小龙虾发育过程中，小规格的淡水小龙虾体色大多呈青褐色，只有在水体缺氧、食物缺乏、水温较高或生态不佳的环境条件下，未能正常蜕壳的青壳虾就会转变成红壳虾。红壳虾对环境的适应能力明显提高，因此，体色变化是淡水小龙虾应对环境变化的一种自我调节，在饲养过程中提供充足的饵料和优良的养殖生态，可以有效地减少淡水小龙虾转变为红壳虾的数量。

淡水小龙虾体色变化与虾壳中的虾青素和虾红素含量有关系，红壳虾蜕壳后仍呈红色，青壳虾蜕壳后仍呈青色。青壳虾的虾壳较薄，蜕壳频率较高，生长速度快于红壳虾；红壳虾壳厚，蜕壳次数少，生长较慢。因此，青壳虾比红壳虾更具生长优势，放养虾苗时选购青壳虾苗才能提高养殖产量。

红壳虾生长慢，常被误认为是淡水小龙虾发生了种质退化，持此观点的养殖户并不在少数。有些养殖户饲养的淡水小龙虾，上半年在稻田中可长成大规格的商品虾，产量较高；而下半年6月底或7月补放的虾苗生长较慢，养成的商品虾规格较小，产量低，不少20～25克/尾的雌虾在10月就已经性成熟并产卵。小规格虾的交配与产卵行为和商品虾规格小型化现象，通常被作为种质出现退化的依据，其实出现上述现象与种质退化毫无关系。首先就淡水小龙虾而言，如此迅速的种质退化并不可信，虽然商品虾规格小型化是普遍现象，但此现象的发生与养殖生态环境、饲养时的营养供给和饲养管理水平有很大的关系，尤其是当养殖生态不佳时淡水小龙虾体色就会很快转变成红色，甲壳也会变得十分坚硬，蜕壳周期也随之延长，生长速度变慢也是必然的。以稻田养虾模式为例：虾稻连作阶段（11月至翌年6月）稻田的水温适宜，生态稳定，良好的生态和丰富的水草、底栖饵料生物等天然饵料为虾苗的快速生长提供了保障，而且上半年水温较低时放养或自繁的虾苗均为"青壳"虾，虾壳较薄，蜕壳周期短，生长快，可长成大规格商品虾。6月底或7月初中稻插秧后的虾稻共作期正值高温季节，在高水温条件下稻田的养殖生态易恶化，稻田中留存或补放的虾苗多数已呈"红壳"虾，虾苗蜕壳周期延长，蜕壳次数减少，长势远不如上半年快，因此养成的商品虾规格小，产量较低。上述现象的发生与淡水小龙虾的种质退化没有相关性。当虾苗出现滞长就认为种质出现了退化显然是错误的，坚持种质退化的观念不但会增加生产成本，而且将误导淡水小龙虾养殖产业进入歧途。

四、亲虾、虾苗的运输成活率问题

经过长途运输的亲虾或虾苗，放养后的成活率较低，这是目前普遍存在的问题。运输成活率低的原因除了运输途中亲虾或虾苗受脱水、挤压或外力伤害的影响外，运输时温度偏高或放养时温差引起的应激反应，是亲虾或虾苗放养后大批死亡的原因之一。试验结果表明，当气温高于28℃时，亲虾或虾苗经6小时的脱水运输后，放养成活率通常低于50%；而当气温低于10℃时，离水数天的亲虾或虾苗放养后的成活率仍可达到80%左右。显然低温条件下运输，有利于提高淡水小龙虾的放养成活率。但采用添加冰块降温运输方式的放养成活率并不理想，其原因是添加冰块后亲虾或虾苗的体温出现急剧下降，放养时温差引起的应激反应是造成死亡率高的重要原因之一。

采用冷藏车运输的效果，要优于用冰块降温的运输方法。运输前先将亲虾或虾苗置于塑料周转箱内，箱高20~25厘米，箱内放置少量水花生等水草，再将周转箱叠放在冷藏车内。车厢内的温度控制在15~20℃，路途超过8小时可先向车厢内充些氧气或放置1个气阀微开的氧气袋，以防车门关闭后亲虾或虾苗发生缺氧，此法更适合于亲虾或虾苗的长途运输。

五、过量使用生石灰问题

在水产养殖过程中，间隔15~30天泼洒1次生石灰已成为调节水质的传统做法，泼洒生石灰后不但可以调高水体的pH，而且可以加快有机质的分解和刺激虾蟹蜕壳。养殖户中普遍认为，泼洒生石灰可以补充水中的钙质，其实这是一种错误的认识。生石灰水溶液的化学成分为氢氧化钙，微溶于水，呈强碱性，淡水小龙虾无法从水中的氢氧化钙中获得生长所需的钙质。高pH条件下，泼撒氢氧化钙还会使水中可溶性的磷酸氢钙和碳酸氢钙转化为难溶的磷酸钙和碳酸钙，使养殖水体严重"缺钙"。过量使用生石灰后易发生虾壳变薄和变软的原因就在于此，因此，过量使用生石灰对淡水小龙虾的生长极为不利。实验表明，1米水深的池塘生石灰的用量应控制在8

千克/亩以内是安全的，当用量超过 15 千克/亩时对虾苗的毒害作用十分明显。因此，建议追施的生石灰每次用量以不超过 5 千克/亩为宜，少量多次才是正确的生石灰使用方法。除此之外，过量使用生石灰会使水体的 pH 大幅度上升，水中的氨氮平衡向着游离氨方向移动，而游离氨有剧毒，极易导致淡水小龙虾中毒死亡。

六、夜间池坡上出现成虾聚集的问题

每年开春以后，在高密度养殖池中有大量的成虾在夜间爬上田埂或池坡，第二天清晨又重新回到水中，连续数天后就会发生大批死虾现象。成虾夜间大量上坡的原因是：①虾苗放养密度过高；②水体缺氧；③水质或池底受到污染；④水草质量下降且出现腐烂；⑤高密度养殖条件下池中水草数量少，水中缺少隐蔽物，将导致成虾上岸；⑥人工饵料或天然饵料不足。由此可见，放养密度过高、水质不佳、底质不佳、溶氧不足和缺少水草是发生成虾晚间爬上池坡的主要原因，因此，加强改水、改底、补种水草和改良养殖生态，是避免淡水小龙虾夜间在池坡上聚集的有效方法。

七、淡水小龙虾对颗粒饲料的特殊要求

淡水小龙虾甲壳厚重，蜕壳与生长过程中需要消耗大量的钙元素，因此，淡水小龙虾专用颗粒饲料中的钙含量应高于其他养殖品种。除此之外，考虑到淡水小龙虾的觅食能力较差，提高颗粒饲料的诱食性和增大饲料的粒径，将有利于饲料利用率的提高。

第二节 病害防治中存在的问题

淡水小龙虾的亲虾或虾苗在放养时，通常会发生大批死亡的现象，且死亡率超过 50%。除此之外，在养殖过程中，春末、夏初的水温上升至 26℃ 以上时，高密度养殖的淡水小龙虾将出现死亡高峰，且死亡的个体多为 30 克/尾以上的大规格虾，因此，淡水小龙虾成活率低已成为制约养殖产量提高的重要原因之一。

一、成虾无症状死亡问题

养殖过程中常会发生成虾死亡现象，死虾外观未见病症。造成淡水小龙虾死亡的原因是多方面的，成虾因交配产卵活动消耗了大量的体能导致体质下降是死亡原因之一，死亡前多数个体表现为肌肉不饱满，活动能力差；其次是营养不良，导致蜕壳不遂而死亡。除上述原因外，在高密度养殖的池塘中，大量投饵易造成底质恶化，淤泥中的硫化氢、甲烷等有害气体是引起淡水小龙虾中毒死亡的重要原因。为避免上述现象的发生，养殖池中的水草覆盖率不应低于60％，同时，应采取水草养护技术改良生态，防止水草腐烂现象的发生。在养殖过程中，除了应重视泼洒生物制剂净化水质外，遍撒底质改良剂也同样应当引起重视。

二、应激反应问题

淡水小龙虾对氨氮、亚硝酸盐和重金属有较强的耐受力，因此，在水质较差的环境条件下仍能成活，似乎淡水小龙虾对环境有很强的适应能力。但在人工养殖条件下，淡水小龙虾亲虾或虾苗在放养时却常发生大批死亡，表现得十分脆弱，其放养成活率通常不足50％。死亡率高的原因除了运输时脱水和放养时的温差应激等原因以外，成活率降低与操作过程中虾体受到挤压或是捕捞时滞留在地笼中的时间过长引起应激反应有很大的关系，因此改进操作方法，种植净水能力强的轮叶黑藻、苦草和改良养殖生态，是降低应激死亡的有效措施。

三、药物滥用问题

淡水小龙虾高密度精养的成活率偏低是普遍现象，引起淡水小龙虾死亡的原因除了与细菌、病毒和寄生虫有关之外，常见的原因还包括：①亲虾或虾苗在捕捞过程中受伤；②长途运输后脱水引起的死亡；③软壳虾在运输途中死亡；④高密度养殖中发生的应激反应；⑤营养不良和蜕壳不遂；⑥养殖池中缺少水草或水草腐烂导致生态不佳；⑦水质或底质污染造成中毒；⑧体质差，免疫力下降；⑨技术措施应用不当；⑩管理不善。显然，淡水小龙虾非病原性致死是死亡的主要原因，此时若盲目用药物治疗非但于事无补，而且药物残留会给养殖户造成更大的经济损失。

　　淡水小龙虾人工养殖是 20 世纪新兴的产业，在养殖规模逐年扩大的同时，养殖技术研发也在不断的取得进步。可以相信，随着农户养殖技术水平的不断提高和养殖误区的减少，淡水小龙虾的养殖产量和养殖效益也将得到同步的增长，该产业的前景也将更加光明。

参考文献

舒新亚，龚珞军．淡水小龙虾健康养殖实用技术．中国农业出版社。

陶忠虎，胡德风，周浠．2012．莲虾共生高效模式与技术．中国水产，71（2）．

陶忠虎，邹叶茂．2014．高效养小龙虾［M］．北京：机械工业出版社．

周鑫．2007．淡水小龙虾繁殖与养殖技术，科学养鱼．1－7期连载。

图书在版编目（CIP）数据

淡水小龙虾高效养殖模式攻略/周鑫主编．—北京：
中国农业出版社，2015.5（2017.2 重印）
（现代水产养殖新法丛书）
ISBN 978-7-109-20309-9

Ⅰ．①淡…　Ⅱ．①周…　Ⅲ．①螯虾－淡水养殖　Ⅳ.
①S966.12

中国版本图书馆 CIP 数据核字（2015）第 059148 号

中国农业出版社出版
（北京市朝阳区麦子店街 18 号楼）
（邮政编码 100125）
责任编辑　林珠英　黄向阳

北京通州皇家印刷厂印刷　新华书店北京发行所发行
2015 年 5 月第 1 版　2017 年 2 月北京第 3 次印刷

开本：720mm×960mm 1/16　印张：8.25
字数：150 千字
定价：22.00 元
（凡本版图书出现印刷、装订错误，请向出版社发行部调换）